化学の指針シリーズ

編集委員会　井上祥平・伊藤　翼・岩澤康裕
　　　　　　大橋裕二・西郷和彦・菅原　正

分子構造解析

山口　健太郎　著

裳　華　房

MOLECULAR STRUCTURE ELUCIDATION

by

KENTARO YAMAGUCHI

SHOKABO

TOKYO

〈㈱日本著作出版権管理システム委託出版物〉

「化学の指針シリーズ」刊行の趣旨

　このシリーズは，化学系を中心に広く理科系（理・工・農・薬）の大学・高専の学生を対象とした，半年の講義に相当する基礎的な教科書・参考書として編まれたものである．主な読者対象としては大学学部の2～3年次の学生を考えているが，企業などで化学にかかわる仕事に取り組んでいる研究者・技術者にとっても役立つものと思う．

　化学の中にはまず「専門の基礎」と呼ぶべき物理化学・有機化学・無機化学のような科目があるが，これらには1年間以上の講義が当てられ，大部の教科書が刊行されている．本シリーズの対象はこれらの科目ではなく，より深く化学を学ぶための科目を中心に重要で斬新な主題を選び，それぞれの巻にコンパクトで充実した内容を盛り込むよう努めた．

　各巻の記述に当たっては，対象読者にふさわしくできるだけ平易に，懇切に，しかも厳密さを失わないように心がけた．

1. 記述内容はできるだけ精選し，網羅的ではなく，本質的で重要な事項に限定し，それらを十分に理解させるようにした．
2. 基礎的な概念を十分理解させるために，また概念の応用，知識の整理に役立つよう，演習問題を設け，巻末にその略解をつけた．
3. 各章ごとに内容に相応しいコラムを挿入し，学習への興味をさらに深めるよう工夫した．

　このシリーズが多くの読者にとって文字通り化学を学ぶ指針となることを願っている．

「化学の指針シリーズ」編集委員会

はじめに

　分析とは，それ自身科学研究を指す．分析することは科学することである．機器分析となると対象が物質に限定されるように思われるが，本質を探求するという意味においてやはり科学なのである．著者は，構造解析を目的とする機器分析を広い視野でとらえ，不断人類の叡知向上に寄与することを目的として学ぶことが重要であると考える．

　本書では特に，大型機器を中心に，主に有機化合物を対象とする分析を取り扱うが，前述のように，広い視点から，多様性に富む理解を常に意識して展開するよう心がけた．質量分析，X線解析，そして核磁気共鳴は独自の歴史をもち，当該分野での成功をそれぞれが収めているが，これらの相互の連携こそ近代機器分析に求められるものであると著者は信じている．近い将来，他の関連手法を含め，単独での分析では，複雑系への適用に際し，不十分である事例が増加すると予想される．本書の主目的は，個別に各分析法を論じることであるため，各論をはじめに展開し，連携機器分析については最終章でまとめて扱う．

2008 年 10 月

山口　健太郎

目　　次

第1章　構造解析と分析
1.1 分子構造解析の手法　*2*
1.2 さまざまな機器分析　*3*
NMR／質量分析／元素分析／ESR／ESCA／原子吸光分析とICP発光分析／蛍光X線分析／粉末X線解析／X線吸収分光／各種分光分析法／単結晶X線解析／電子顕微鏡
1.3 理論計算による分子構造の推定　*10*
分子力学法／分子動力学法／分子軌道法
演 習 問 題　*14*

第2章　分 光 分 析
2.1 種々の分光法　*15*
2.1.1 紫外・可視吸光光度法　*17*
2.1.2 蛍光光度法　*18*
2.1.3 赤外分光スペクトルとラマンスペクトル　*19*
2.1.4 電子スピン共鳴（ESR）　*21*
ESRの原理／ESRの生化学への応用
2.1.5 旋光度測定法　*24*
旋光度／円二色性／旋光分散
演 習 問 題　*32*

第3章　質 量 分 析
3.1 質量分析の概略　*34*
3.1.1 イ オ ン 源　*35*
3.1.2 イオン化法　*36*
電子イオン化（EI）／高速原子衝撃（FAB）／MALDI／ESI-MS
3.1.3 分 析 部　*42*

磁場・電場型質量分析計／四重極型質量分析計（QMS）／飛行時間（TOF）質量分析計／フーリエ変換型（FT）質量分析装置
- **3.2** 測定の実際　47
  - **3.2.1** スペクトル解析　48
  - **3.2.2** 精密質量分析　49
- **3.3** 生体への応用　50
  - **3.3.1** さまざまな生体質量分析　50
  - **3.3.2** ペプチドの質量分析　52
  - **3.3.3** スプレーイオン化とMALDIによる生体質量分析　53
- 演習問題　56

第4章　X線結晶解析

- **4.1** X線結晶解析法の原理　58
  - **4.1.1** X線の本質　59
  - **4.1.2** X線と物質の相互作用　61
  - **4.1.3** 回折と構造解析　63
  - **4.1.4** 逆格子と逆空間　66
  - **4.1.5** 位相問題　69
- **4.2** 結晶学　71
  - **4.2.1** 結晶の対称性　72
  - **4.2.2** 晶系と格子定数　72
  - **4.2.3** ブラベ格子，ラウエ群，点群および対称操作　73
  - **4.2.4** 回折実験　74
  - **4.2.5** 構造解析　80
- **4.3** 解析結果の応用　80
  - **4.3.1** 結晶の対称性　80
    対称中心と反転／回転／鏡映／らせん／映進
  - **4.3.2** 空間群の決定　86
    消滅則と空間群
  - **4.3.3** 絶対配置の決定とX線解析の応用　90
    不斉と半面像的結晶／絶対構造の決定／X線解析の利用

4.3.4 生体分子への応用 *96*
演習問題 *99*

第5章　核磁気共鳴
5.1 核磁気共鳴の原理 *101*
　5.1.1 核スピンとゼーマン分裂 *102*
　5.1.2 核磁気共鳴装置 *104*
5.2 パルスFT-NMR分光法 *106*
　5.2.1 FT-NMRの基本原理 *106*
　5.2.2 FT-NMR装置 *108*
5.3 NMR測定 *110*
　5.3.1 NMRスペクトル解析 *111*
　5.3.2 NMRによる構造解析 *111*
5.4 ^{13}C-NMR *115*
　5.4.1 ^{13}C-NMRスペクトル解析 *115*
　5.4.2 ケミカルシフトと構造 *118*
5.5 主要測定技術 *118*
　5.5.1 デカップリング *118*
　5.5.2 化学平衡と温度 *120*
　5.5.3 NOE *121*
　5.5.4 緩和 *122*
　5.5.5 パルス系列 *122*
　5.5.6 イメージング *124*
　5.5.7 固体NMR *125*
　5.5.8 生体分子への応用 *126*
演習問題 *129*

第6章　連携機器分析と構造解析の未来
6.1 分離分析と大型機器の連結 *131*
　　移動ベルト・ワイヤー法／直接溶液導入法／粒子ビーム法／溶離ジェット法／フリット法／スプレー法

6.2 単独機器分析の壁と機器分析の連携　*136*
6.3 質量分析－X線解析－核磁気共鳴　*137*
　　　質量分析／X線解析／核磁気共鳴
演 習 問 題　*144*

さらに勉強したい人たちのために　*145*
演習問題解答　*147*
索　引　*151*

Column

化学分析の始まりは錬金術？　*13*
CDを用いて絶対構造が決められる？　*30*
ネオンの同位体を発見したのは誰か？　*55*
ブラッグ親子とブラッグ条件の真？の意味　*98*
1つの発見か，それとも2つか？　*127*
地球大気圏外から飛来したアデニン　*143*

第 1 章　構造解析と分析

　分子構造の解明に用いられるさまざまな分析機器を列挙し，有機化合物の構造の解析にどのように利用されるのかについて系統的に学ぶ．本章では，有機化学における構造決定の重要性について解説し，分析化学や分子構造解析の役割を考察することにより，古典的分析手法から先端エレクトロニクスに支えられる物理機器分析へと発展する道筋を経て有機構造解析の本質を理解する．

　自然科学の一部門である化学には，物質の構造，性質，ならびに物質が相互作用して起こす化学反応の3要素が存在する．特に構造は探求への扉のカギとなるもので，すべてここより始まるといっても過言ではない．化学の対象分野を有機化学に限定しても，構造解析の重要性は何ら変わることはない．一方，分析は対象とする物質が，どこに，どのくらい存在するかを精密に論じる化学研究を指し，化学において同様に重要な分野である．構造解析は分析対象の特定に不可欠であるばかりでなく，自然界における分布や環境との相互作用を正確に把握するうえでも重要である．

　本書は広い意味で分析化学の範疇に分類されるが，この中で特に機器分析による構造解析法を主題としている．特に近年開発が進んでいる大型分析機器である質量分析装置，X線解析およびNMR解析装置を中心に先端の構造解析法を紹介することを目的としている．本章では古典的分析手法から先端エレクトロニクスに支えられる物理機器分析へと発展する道筋をたどり，有機構造解析の本質に対する理解を深めるとともに，種々の機器を概観する．

1.1 分子構造解析の手法

　分子を構成する原子の配列を立体的にとらえることにより分子の"形"を知ることができる．そして，このプロセスを分子構造解析と呼ぶ．分子には小さなものから大きなものまでさまざまな大きさがあり，また，分子は一般に，多くの種類が複雑にまざり合っており，日常的な条件，例えば室温の下では常に構造が変化して，たいへんとらえにくいものである．しかし分子の構造を正確に求めることはその性質の把握につながるため，分子の種類によらずとても重要である．したがって，有機化学という分野で構造解析の占める割合は非常に大きいということができる．

　化学構造（chemical structure）という言葉を最初に使ったのは 1861 年，ロシアの化学者ブートレロフ（A. M. Butlerov）であり，彼は分子内でそれぞれの原子の結びつきを記述することが可能であることを示した．

　この頃より，化合物の性質は原子価に基づく化学構造によって決まることがしだいに明らかとなっていく．原子価の考えは 19 世紀後半に始まったと思われるが，クーパー（A. S. Couper）はこれに基づき原子価結合式を考案した．その後オランダの化学者ファントホッフ（J. H. van't Hoff）は，メタンが中心に炭素原子を配置し，4 つの水素原子が正四面体の頂点を向いている立体構造をとることを既に推定している．

　物質の性質は構成要素である原子や分子に関係づけて考えると理解しやすい．これは，物質の性質は原子の配列と状態，および結合形式に深く関係しているからである．また，原子配列は結合の特性に影響されやすく，特に明確な方向性をもつ共有結合と呼ばれる結合は分子構造に大きく関係している．分子の立体構造，すなわち原子の配列を観測し，これを決定するための手段として，比較的古くからさまざまな物理的分析手法が生み出されてきた．後に詳しく述べる X 線解析によれば，分子の幾何学的構造や原子間距離，そして結合角を正確に求めることが可能となる．例えば，炭素と炭素の一重結

合の長さは 1.54 Å ほどであることがわかり，さらにこの結合長，つまり原子核間の距離は分子や結晶の種類によらず一定であることがわかる．このように化学構造は化学結合をもとに化合物の性質を知るためのカギであり，また同時に，この化学結合の生成や開裂がさまざまな化学反応の中心的役割を果たしている．

1.2　さまざまな機器分析

分子の性質を詳しく調べるという立場から，現在実用に供せられている分析・構造解析機器を見ていくことにする．

分子の性質を詳細に検討するには，分光学的手法による大型機器分析装置を主として用いることが一般的であり，特に汎用される機器分析として，NMR や質量分析，そして少し規模は小さいが元素分析があげられる．これらの主な手法については後に第 2 章から第 5 章にかけて詳しく取り扱うので，ここでは概略を述べるにとどめる．

NMR

NMR，nuclear magnetic resonance すなわち核磁気共鳴分光法は，主に溶液中での試料の構造解析に用いられている．水素や炭素等の原子核の自転（スピン）に基づく手法であり，低分子有機化合物から生体高分子まで広く活用されている．分子の立体構造を含む精密構造解析が可能であり，有機化学の分野に不可欠の装置であるといえる．主な装置として，冷媒である液体窒素と液体ヘリウムの充填されたタンクの中に収められる超電導磁石，分光計，およびコンピュータ等から構成されている．

質量分析

質量分析は試料の分子量を測定する手法であり，NMR 同様幅広い分野で用いられている．高い検出感度を有し，また高精度の測定が行えることから，

精密質量測定にも利用され，この結果に基づいて試料の元素組成を求めることが可能である．また，フラグメンテーション (fragmentation；開裂) という現象を観測することにより分子の部分構造等を明らかにすることもでき，構造解析に積極的に利用されている．装置は主にイオン源，分析部およびコンピュータ等より構成される．

元素分析

元素分析も有機化合物の構造解析の主力として重要であり，有機化学研究には欠かすことのできないものである．有機化合物中の炭素，水素，窒素をはじめとする元素の組成を明らかにすることができる．分析に当たっては，試料を充分精製することはもとより，秤量においても細心の注意をはらう必要がある．汎用装置には装置上部に試料を数十本セットするサンプラーを備えるものが多く見受けられる．

ESR (electron spin resonance；電子スピン共鳴)

NMR が原子核の自転（スピン）に起因する電磁相互作用を利用するのに対して，ESR は電子スピンを用いる．このスピンにより磁性を示す常磁性物質の不対電子の振る舞いを観測することで，物質の電子的性質を考察する．この手法によれば，不対電子の有無や，存在する場合はその位置や周辺状況が解析できる．一般に，分子やイオンの中に存在する不対電子は，他の不対電子や原子核と相互作用しているため，これを観測することにより電子状態を解析することが可能となる．これらの複雑な相互作用によって，ESR スペクトルは一般に分裂した多重線を示すが，このようなスペクトルの構造を超微細構造と呼ぶ．試料は溶液，固体を問わず測定できるが，溶液状態では分子運動がさかんなため，不対電子の相互作用の中で方位特異性をもつ異方的成分が平均化され，これをもたない等方的成分のみが観測される．試料の不対電子が安定な場合には，測定は比較的容易であるが，短寿命で不安定な場合は，測定試料の中でラジカルを調整する必要がある．

ESCA (electron spectroscopy for chemical analysis)

　ESCA とは，一定のエネルギーをもつ特性 X 線や紫外線を超高真空中の固体表面に照射し，放出された光電子の運動エネルギー分析から物性解析を行う手法である．この手法は主に固体表面の元素組成や化学結合状態を解析するために用いられている．中でも，X 線照射を行うものは X 線光電子分光法（X-ray photoelectron spectroscopy：XPS）と呼ばれている．X 線によって励起された原子から放出される光電子の運動エネルギーは，原子内の束縛エネルギーに等しくなるが，これは内核電子の結合エネルギーに相当し，原子固有の値をもつことより構成元素を特定する．この装置を利用して元素分析を行うことができる．固体表面の定量分析は一般に困難な場合が多いが，ピーク面積比等よりおおまかな定量は可能である．また，原子の化学結合状態が異なると結合エネルギーは変化するので，この値（シフト値）から化学結合状態の解析が可能である．例えば，フッ化黒鉛では，炭素に結合したフッ素の数の増加に伴い化学シフトが増大し，このときの値は数 eV であるとされている．

原子吸光分析と ICP 発光分析

　気相中に独立して存在する原子は，外部の電磁波等のエネルギーを吸収して不安定でよりエネルギーの高い状態，すなわち励起状態へと変化する．一方，励起状態からより安定な状態へと変化する際，これらの差に相当するエネルギーが電磁波として放出され，これを発光と呼ぶ．このような原子によるエネルギーの吸収と放出（発光）は原子の種類によって異なるため，これを利用して原子を特定することができる．前者の吸収分光分析として原子吸光分析，そして後者の発光に基づく分析の 1 つに ICP 発光分析がある．

　これらの分析手法では，まず目的の元素を原子化，つまり原子の蒸気としなくてはならない．原子吸光分析ではバーナーの炎，または電気的加熱による熱エネルギーを用いて原子蒸気を生成する．溶液試料を直接炎の中に噴霧

し原子化すると同時に光を照射する．原子種の特定は吸収光の波長を選択することにより行い，また，存在量は吸光量を測定することにより求められる．原子吸光分析は液体および固体試料とも一般に前処理を必要としない．また高感度であるため生化学，医学，農学および公害測定等に用いられている．一方で，本手法では元素ごとに光源を変えなければならない，という煩雑さも伴う．

これに対して，ICP 発光分析は多様な試料の一斉分析が可能であり，分析可能な領域も広がる．これは原理的な差異に起因している．すなわち，ICP 発光分析では高周波による誘導結合プラズマ（induction coupled plasma：ICP）による発光等を観測することを特徴としている．6000～8000 K の高温中で電子やイオンが生成と消滅を絶えず繰り返すプラズマ状態は，通常トーチと呼ばれる放電管に誘導コイルを巻き，これに電流を流し誘導電場をつくり，この中にアルゴンガスを導入して発生させる．溶液試料をプラズマ中に噴霧すると，元素は原子化し励起され，さらに原子スペクトル線を発光する．

また，一部はイオン化するので質量分析計により分析することも可能である．これを ICP 質量分析と呼ぶ．ICP はほとんどの元素について高感度で迅速に同時定量できるという特徴をもつ．本装置は，高周波による誘導結合プラズマ発生部とイオン分析部および制御・解析コンピュータから構成される．なお ICP 以外の部分は通常の質量分析計と変わらない．

蛍光 X 線分析

X 線を用いた分光分析という意味で，蛍光 X 線分析は前述の ESCA に類似している．この手法は X 線照射によって発生する原子固有の特性 X 線，すなわち蛍光 X 線を観測している．この蛍光 X 線の波長や観測強度を調べることにより，元素の定性および定量分析を行う．また，波長のわずかなシフトから化学結合の状態を解析することもできる．この手法は多成分系での

微量混入元素の検出や成分比の正確な定量が可能であり，さらに固体表面を直接分析できる等の利点を有している．元素分析や鉄鋼，非鉄金属，セメント工場等で品質管理に用いられ，また半導体分野ではシリコンウエハー上の微量不純物の検出，さらにこれらの特性を生かして犯罪捜査にも使われている．

粉末 X 線解析

粉末 X 線解析は X 線の波としての性質を用いた手法であり，後に詳しく説明する回折現象を利用している．この手法は，分子の規則的配列による X 線の干渉に基づいており，粉末結晶の X 線による回折より，化合物の同定や定量が可能となる．さらに最近では，後述する分子計算法と組み合わせて分子の立体構造を決定した例も報告されるようになった．粉末では結晶の方向性が損なわれるが，その回折波から物質特有のパターンを観測することができる．このパターンを既にデータベースとして登録されている既知物質の回折パターンと比較することにより，高精度で迅速な化合物の同定が可能となりうる．また粉末中の結晶成分の量と X 線回折強度が比例することを利用して定量分析を行うことができる．このように，粉末 X 線解析は物質の同定に関し優れた手法であるばかりでなく，定量分析の面でも広く応用されている．

X 線吸収分光

この分光法では X 線を固体試料に照射し，その波長を連続的に増大させ，試料に吸収される X 線を入射 X 線の関数として表す．この手法は比較的古くから用いられてきたが，近年放射光が利用できるようになってから飛躍的に進歩したといえる．このスペクトルよりさまざまな構造が読み取れる可能性があるが，特に吸収端よりはるかに高エネルギー側に観測される構造は広域 X 線吸収微細構造 (extended X-ray absorption fine structure：EXAFS)

と呼ばれている．応用例として，Si/Ge/Si(100) の GeK 吸収スペクトルにおいて，吸収端ピークより高エネルギー側に 1000 eV にわたり EXAFS 構造が観測される．これより，Ge 原子と，それに結合している原子との距離を求めることができる．

各種分光分析法

　有機分子の特徴を検出する手法の1つである分光分析の主なものとして，紫外・可視光や赤外光の吸収を利用したものがある．この中で特に分子固有の振動を利用する赤外線吸収スペクトル法は，古くから有機化合物の同定に用いられてきた．波長を連続的に変化させながら分子に赤外線を照射すると，分子固有の振動エネルギーに対応する赤外線が吸収される．これを記録し，化合物の同定に用いる他，分子の構造的特徴を反映する場合が多いことを利用して，分子構造の推定に応用したり，また，混合物の分析も可能なため，純度検定や反応速度の測定ができる．

　赤外線吸収スペクトル法の他にも，分子による光エネルギーの吸収を検出する手法として紫外・可視吸収スペクトルがある．この手法は赤外光よりも波長の短い高エネルギーの電磁波を照射することにより，分子を励起状態へと導き，このとき分子が吸収した電磁波の波長と強度より物質を特定する．吸収強度は分子の濃度によく比例するため，正確な定量分析が可能となる．紫外線吸収による励起は電子遷移に基づくため，これを観測することにより分子の電子状態や立体構造がある程度推定できる．

　分子は，紫外・可視光を吸収して励起状態となった後，もとの状態（基底状態）へもどる過程でそのエネルギーの差に応じた光，すなわち蛍光を放出する．この蛍光スペクトルのピークの波長および強度分布は分子構造や電子状態を反映しており，吸収スペクトル同様，定性・定量分析や構造の推定に用いられている．さらに，この蛍光スペクトル法では，蛍光寿命の測定から分子間の相互作用を解析することも可能である．

有機分子の特徴として，重要な立体に関する因子であるキラリティー（掌性）を分析する手法である旋光分散（ORD）や円（偏光）二色性（CD）があげられる（2.1.5項参照）．自然界に存在する生物由来の分子は基本的には左右どちらかの構造に分類されると考えられ，これを光学活性と呼ぶ．光学活性を示す分子の掌性は透過光の偏光面を回転させる性質（旋光性）をもつため，この旋光度を測定することによってキラリティーを分析することができる．光学活性分子の旋光度が波長によって変化する現象を旋光分散と呼ぶ．偏光面の揃った（直線偏光）入射光が光学活性分子を通過すると一定の旋光角をもって偏光面の回転（旋光）が起こり，屈折率および吸光係数の違いからその吸収領域では楕円偏光となる．この現象を円二色性と呼ぶ．

　光散乱を利用した分析法としてラマン分光がある．この手法の原理は，試料への入射光と反射光の振動数が異なる現象に基づいている．この振動数の差は試料の分子振動に由来する．光源としてレーザーを用いるのが一般的であり，最近では幅広い分野の物質解析に用いられている．ラマン散乱は赤外吸収と同様に分子振動を観測しており，類似の情報を与える場合が多く見られる．最も大きな相違点は，水溶液に関する取り扱いである．赤外吸収では困難であるのに対し，ラマン散乱では取り扱いやすいことが知られている．

単結晶 X 線解析

　以上述べてきた手法は，分子の立体構造解明という見地からはやや間接的である．これに対して，単結晶 X 線解析や電子顕微鏡を用いると分子像が直接求められる．しかし，これらの手法には試料の状態に制約があり，常に適用できるわけではない．特に単結晶による X 線回折（X 線解析）にはある程度の大きさをもった良質の単結晶が必要になる．これについては後に説明するが，微結晶や粉末である場合は前述の粉末 X 線解析が適用される．ただし，この場合は立体構造の解明よりも定性・定量分析が主目的となる．単結晶 X 線解析は粉末 X 線解析と同様，回折（diffraction）を利用しており，

原子の立体配置を高精度で直接観測することのできるほとんど唯一の手段といっても過言ではない．この手法は最終的な構造決定として手法確立以来各分野に貢献してきた．分子や結晶は明確な規則性をもって配列した原子より構成されている事実をもとに，現在まで数多くの結晶構造・分子構造が解明され，極めて高い精度でこれらの立体配置を把握できるようになった（4.1.2項参照）．

電子顕微鏡

電子線の波動としての性質を用い，さらに電場や磁場によるレンズと併用して高い観測倍率を実現したのが電子顕微鏡である．電子顕微鏡には透過型の他に，走査型，および走査透過型があり目的に応じて使い分けられている．透過型は試料を通過し散乱した電子線を磁界型対物レンズで結像し，さらに他のレンズ系で拡大像を投影して観測する．一方，走査型では入射電子線を偏光コイルを用いて試料上を走査し，反射した二次電子を検出して走査電子線と同期させたテレビモニター上に拡大像として映し出す．また，走査透過型電子顕微鏡はこれらを融合したものと考えればよい．電子顕微鏡は有機分子の直接観測にはあまり用いられていないが，主に無機材料の分野で頻繁に利用されている．透過型電子顕微鏡によって試料の形状，大きさ，表面構造等がわかり，電子の加速電圧の高い高分解能装置を使うと結晶内の分子や原子の配列に関する情報を得ることもできる．さらに電子顕微鏡を用いて電子線回折像が得られる．これにより物質を同定したり，結晶形や方位等を知ることが可能となる．

1.3 理論計算による分子構造の推定

これまでに述べてきた種々の分析および構造解析法を用いても，常に分子の精密な立体構造が得られるわけではない．多くの場合，分子のおおまかな

構造や特徴的な物性が解明されるのみで，細部にわたる構造を完全に把握できることは少ない．一般にわれわれが分子の立体構造を検討する際，可能な分子の形を紙に書いたり，分子模型を組み立てる．これを分子モデリングと呼び，分析結果を含む種々のデータをもとに分子の立体構造の妥当性を視覚を交えて考察する．

　近年，分子計算法が進歩し，分子の立体構造を理論計算によりある程度推定することが可能となってきた．したがって，作図や模型を用いて行っていた作業がコンピュータを用いて迅速かつ精密に実行できるようになった．分子計算法の主な手法として，1) 分子力学法，2) 分子動力学法，および 3) 分子軌道法があげられる．以下，それぞれの手法について説明する．

分子力学法

　分子力学法はパーソナルコンピュータにより手軽に計算可能であり，また比較的高い精度が得られるため頻繁に用いられている．この手法は分子内に作用する力の場の概念をもとに成立している．独立して存在する分子のエネルギーまたはポテンシャルエネルギーは，分子の立体構造を構築するそれぞれの原子間の相互作用の総和として表すことができる．すべての原子間相互作用を求めることは困難なため，従来の構造化学的研究から得られた経験値を用いる．実際には原子間の強い結合による幾何学的パラメータや静電相互作用，およびファンデルワールス力等を考慮する．これらの値が，分子が最も安定な状態，すなわちエネルギーが最も小さくなるよう，構造を求める．このことを構造最適化と呼ぶ．この手法の計算精度は各相互作用の経験値の組み合せである分子力場に依存している．数多くの相互作用を考慮した確度の高い分子力場が開発され，また常に更新され，計算精度は日々改善されている．

分子動力学法

　対象となる分子が生体高分子のように大きなものになると，分子の立体構造の自由度も増え，構造解析は困難になる．また，分子は絶えず運動し，構造は変化しているので，これらを考慮した動的な取り扱いが必要となる．基本的にはタンパク質の立体構造解析に利用される分子動力学法では，分子を構成している各原子に作用する力を，ポテンシャル関数を用いて計算し，すべての原子についてそれらの動きを求める．この手法では原子の座標を独立パラメータとしているため，温度による共有結合の結合距離および角度の変化をある程度許容している．したがって，温度変化による動的構造解析や平衡状態の解析が可能となる．分子が比較的大きくて複雑な有機化合物の立体構造解析に，この分子動力学は分子力場法と併用して適用される．分子力場法，分子動力学法とも構造最適化に際してその第一段階で初期構造を入力する必要があるが，X線解析結果に基づくデータを用いる場合が多く，これが得られない場合は単にパソコンの分子描画ソフトを用いて作製した立体構造を用いることもできる．

分子軌道法

　分子の性質をその電子状態から詳細に検討するためには分子軌道法による解析が必要となる．この手法は他の分子計算法に比べ計算能力のより高いコンピュータを必要とするが，最近ではパーソナルコンピュータの高性能化によりかなり広範囲に普及している．本手法は原子や分子を量子論で取り扱い，基本的にはその系の波動関数を求めることに帰着させている．この手法では計算量が増大し，他の計算法に比べ長時間を要することになる．しかし，計算精度は極めて高く，正しい初期座標が与えられパラメータの設定が適切であれば，実験的に求めた構造と一致する．

　このように，種々の分析手法を駆使して解析を試みても立体構造が正確に

決定できない場合は分子計算法が有効であり,現在までに多くの成果が報告されている.

化学分析の始まりは錬金術?

　紀元前1世紀以前から,人々は基本的な化学的処理により得られる多くの品々(chemical craft)を日常生活において用いていた.すなわち,塩漬けや燻製による保存食,ワインやビール等の酒類,さらには植物から抽出される染料や漆等,そしてガラスや焼き物である.古代ギリシャの哲学者は,物質に関するさまざまな理論を展開し,その中で,宗教的要素や,古代人により用いられた chemical craft の知識を融合し,いわゆる錬金術(alchemy)を生み出した.錬金術はやがて化学へと発展するが,その初期段階で蒸留技術や金属等の物質の試験法がもたらされ,さらに試金または分析試験を行う錬金術師(assayer)が登場する(図).彼らは,基本的な物質の分析を初めて試みており,これを化学分析の始まりと考えることができる.

図　錬金術師
(J. French:『The Art of Distillation』(London, 1651) より)

演習問題

[1] 化学と構造解析の関係について述べよ．
[2] さまざまな分析法の中で，分子の形を直接とらえることのできる手法とは何か．
[3] 計算化学は分子構造をどれほど正確に解析することができるか．

第 2 章 分光分析

分光分析手法を，利用する電磁波の波長別に分類し，対象や目的ごとに整理して構造解析の概要を把握する．本書で詳細に解説する 3 つの主要物理分析手法 NMR，X 線，MS 以外の大型分析機器や電子分光装置について詳細を学ぶ．構造解析において重要な種々の分光分析法を横断的に組み合わせて分子の構造的特徴を系統的に探る手法について理解を深める．

分析とは，ある事象を分解して成分や要素そして側面を明らかにすることであり，先に述べた通りそれ自身科学研究の一端をなす．より精密に原子・分子の大きさまでさかのぼって観ることにより，原子・分子のつながりや配列を理解することができることは自明であり，これが構造解析である．

2.1 種々の分光法

物理的な構造解析の手法は，多くの場合電磁波と原子・分子との固有の相互作用に着目している．それは，さまざまな電磁波の周波数ないし波長が変わると，原子・分子との相互作用の様式も変わってくるからである．表 2.1 に電磁波の波長と原子・分子および分析との関係を示す．

電磁波は，その波長の短いものから順番に，ガンマ線，X 線，紫外線，可視光線，近赤外線，赤外線，マイクロ波，ラジオ波に分類される．われわれが目で見ることができるのは可視光線のみである．波長が $0.01 \sim 100$ Å 程度の電磁波を X 線と呼ぶが，これは 1895 年レントゲン（W. C. Röntgen）が

表 2.1 電磁波の波長と原子・分子および分析との関係

電磁波	波長/Å	周波数/Hz	原子・分子の エネルギー状態の遷移	分析
ガンマ線	$< 10^{-2}$	$10^{20} \sim 10^{24}$	原子核,電離作用	
X線	$10^2 \sim 10^{-2}$	$10^{17} \sim 10^{20}$	内殻電子	X線解析
紫外線	$4 \times 10^3 \sim 10^2$	$10^{15} \sim 10^{17}$	外殻電子・原子価電子	UV
可視光線	$7.5 \times 10^3 \sim 4 \times 10^3$	$4 \sim 7.5 \times 10^{14}$	外殻電子・原子価電子	VIS
近赤外線	$2.5 \times 10^4 \sim 7.5 \times 10^3$	$1 \sim 4 \times 10^{14}$	伝導電子	IR
赤外線	$2.5 \times 10^5 \sim 2.5 \times 10^4$	$10^{13} \sim 10^{14}$	分子振動	
マイクロ波	$10^7 \sim 2.5 \times 10^5$	$3 \times 10^{11} \sim 10^{13}$	分子回転・電子スピン 反転*	ESR
ラジオ波 UHF VHF	$> 10^7$ $7.5 \sim 3.0 \times 10^9$ $6 \sim 3 \times 10^{10}$	$< 3 \times 10^{11}$ $4 \times 10^8 \sim 10^9$ $5 \times 10^7 \sim 10^8$	核スピン反転**	NMR

* $0.3 \sim 1$ T(テスラ)ほどの磁場の中
** $2 \sim 10$ T ほどの磁場の中

発見した.連続スペクトルの連続 X 線と,固有な線スペクトルをもつ特性 X 線とがある.さらに,未知の物質に連続 X 線を当てたときに生じる特性 X 線を分光分析することによって,物質の元素分析ができる.これは蛍光 X 線分析法と呼ばれる.1912 年ラウエ(M. T. F. von Laue)は結晶による X 線の回折現象を発見し,X 線の本質が電磁波であることを明らかにした.これを使って,原子の位置を直接決めることが可能となった.

紫外線と可視光線は外殻電子・原子価電子によって吸収され,これらが励起される.外殻電子・原子価電子のエネルギーは,元素の種類だけでなく分子の化学結合の様式に依存するので,どのような化学結合をもつ物質であるかを知ることができる.電荷移動錯体や電導体の伝導電子は近赤外線の吸収となって現れる.

分子の振動スペクトルはほぼ $3 \sim 30 \times 10^4$ Å,回転スペクトルはほぼ 3×10^5 Å 以上に現れる.熱エネルギーは赤外線という電磁波によって伝わる

が，その受け取る相手・担い手は，原子・分子の格子振動・分子振動である．

このように，電磁波の吸収は物質に固有のエネルギーすなわち周波数・波長に対応する．これに対して，電子スピン・核スピンの磁場中における配向のエネルギーは，磁場の強さに依存し，物質に固有のエネルギーではない．実験の容易さから，それぞれマイクロ波，ラジオ波が吸収されるような磁場を使って電子スピン共鳴 (ESR) および核磁気共鳴 (NMR) の実験が行われる．

ここでは，大型分析機器と呼ばれる核磁気共鳴スペクトル，質量分析，および X 線結晶解析以外の分光分析法として，紫外・可視吸光光度法，蛍光光度法，赤外分光スペクトル，ラマン (Raman) スペクトル，ESR 分光法および旋光度測定法と円偏光二色性測定法について述べる．

2.1.1 紫外・可視吸光光度法

分子による光エネルギーの吸収を検出する手法として，紫外・可視吸光光度法がある．一般に本法では波長 200 ～ 800 nm の範囲の光を取り扱う．この手法は，赤外光よりも波長の短い高エネルギーの電磁波を照射することにより，分子を励起状態へと導き，このとき分子が吸収した電磁波の波長と強度より物質を特定する．吸収強度は被験分子の濃度によく比例するため，正確な定量分析が可能となる．紫外線吸収による励起は電子遷移に基づくため，これを観測することにより分子の電子状態や立体構造がある程度推定できる．

紫外・可視吸光光度法の原理は，分子中の電子が基底状態から励起状態に遷移するとき光を吸収する現象に基づいている．電子遷移には数種の可能性があるが，本法では結合性軌道 π から反結合性軌道 π^* への遷移 $\pi \to \pi^*$ が最も重要である．

溶液試料は層長 l の容器に入れて，光源より強度 I_0 の光を照射し，一部が吸収された透過光の強度 I を測定する．このとき，透過率 t は $t = \dfrac{I}{I_0}$，吸光

度 A は $A = \log \dfrac{I}{I_0}$ となる．またランバート-ベール (Lambert-Beer) の法則より，吸光度 A は層長 l および濃度 c に比例し，$A = kcl$ と表すことができる．ただし，k は定数を示す．層長を 1 cm，1 w/v % 溶液に換算した吸光度を吸光度 $E_{1\text{cm}}^{1\%}$ と呼び，$E_{1\text{cm}}^{1\%} = \dfrac{A}{cl}$ で表す．ただし，l は層長 (1 cm)，c は濃度 (w/v % = g/100 mL) である．また層長を 1 cm，1 mol/L 溶液に換算した吸光度をモル吸光係数 ε と呼び，$\varepsilon = \dfrac{A}{cl}$ で表す．ただし，c はモル濃度 (溶液 1 L 中の溶質量 (g)/分子量) である．

　紫外・可視吸収スペクトル (電子スペクトル) は照射光の波長を連続的に変えたときの化合物の吸光度変化を記録したものであり，物質固有のものとなる．対象となるのは，ほとんどが二重結合であり，分子内で共役系が延びるほど吸収極大は長波長側へシフトする．

　装置は光源，分光部，セルおよび検出器から構成され，波長 200 〜 400 nm の紫外部を測定するときの光源は重水素放電管を用い，また石英製のセルを使用する．一方，波長 400 〜 800 nm の可視部を測定する際には，光源としてタングステンランプやハロゲンタングステンランプを用い，ガラス製または石英製のセルを使用する．

2.1.2　蛍光光度法

　分子が可視・紫外線を吸収して励起状態となった後，もとの状態 (基底状態) へもどる過程でそのエネルギーの差に応じた光，すなわち蛍光を放出する．この蛍光スペクトルのピークの波長および強度分布は分子構造や電子状態を反映しており，吸収スペクトル同様，定性・定量分析や構造の推定に用いられる．さらに，この蛍光スペクトル法では蛍光寿命の測定から分子間の相互作用を解析することも可能である．蛍光は，励起一重項状態から基底一重項状態に遷移する際放射される．これに対して，りん光は励起一重項状態から励起三重項状態にいったん遷移した後，基底一重項に遷移する際放射される．蛍光極大波長は励起極大波長よりも長波長側にあり，これはストーク

ス（Stokes）の法則と呼ばれている．

希釈溶液では，蛍光強度は溶液中の蛍光物質の濃度 c と層長 l に比例し，さらに，励起光の強さとモル吸光係数にも比例する．

装置は光源，分光部，試料部，そして検出部の順に配置され，光源としてキセノンランプやレーザーを用いる場合があり，また，無蛍光の石英製セルを用いるのが一般的である．

2.1.3 赤外分光スペクトルとラマンスペクトル

分子固有の振動を利用する赤外線吸収スペクトル法は古くから有機化合物の同定に用いられている．波長を連続的に変化させながら分子に赤外線を照射すると，分子固有の振動エネルギーに対応する赤外線が吸収される．これを記録し，化合物の同定に用いる他，分子の構造的特徴を反映する場合が多いことを利用して分子構造の推定に利用したり，また，混合物の分析も可能なため，純度検定や反応速度の測定ができる．

赤外分光法の原理は，分子を構成する原子核間の振動状態の変化に伴い光を吸収する現象に基づいている．原子間の振動と同じ振動数の電磁波が吸収される．振動の様式には伸縮振動と変角振動の2つがある．伸縮振動は原子間の距離の変化によるものであり，結合軸に沿った振動である．これに対して，変角振動は原子間結合軸の結合角の変化によるものである．

赤外分光スペクトルは一般に，横軸に波数 cm^{-1} または波長 λ，縦軸に透過率 t または吸光度 A が示され，波数 $4000 \sim 400\ cm^{-1}$ の領域が測定される．赤外吸収波長より，物質がもっている特定の官能基を知ることができる．これは波数約 $1500\ cm^{-1}$ 以上の特定吸収帯と呼ばれる領域に観測される．**表2.2** に主な官能基の伸縮振動による吸収波数を示す．波数約 $1500\ cm^{-1}$ 以下は指紋領域と呼ばれ，いくつもの吸収が重なり合い複雑なスペクトルを示すが，分子固有のパターンとして取り扱うことができるため，化合物の同定に利用される．

表 2.2 主な官能基の吸収波数

官能基	特性吸収の位置 (cm^{-1})
O−H	3650 〜 3400
N−H	3500 〜 3300
C−H	3300 〜 2850
C≡C	2260 〜 2100
C≡N	2260 〜 2210
C=O	1810 〜 1650
C=C	1670 〜 1650
芳香核 C=C	1600 〜 1500
C−O	1200 〜 1050
C−N	1230 〜 1030

　装置としては2種類が知られる．波数を連続的に変化させて吸収を記録する分散型に対し，最近では干渉型であるフーリエ変換赤外分光法（FT-IR）が主流となっている．FT-IRは全赤外領域の波長を同時に照射し，得られた時間領域のスペクトルをフーリエ変換により波数領域に変換する方式をとっている．これにより従来の分散型に比べ，測定時間の短縮，高感度分析の実現および超高感度を要する表面分析や発光試料の測定が可能となり，さらに希薄微量試料や差スペクトル分析，そしてこれらの経時変化の追跡もできるようになった．装置は光源，試料部・補償部，分光部，検出部および増幅部から構成され，光源としてシリコンカーバイドを用いたグローバ灯や酸化ジルコニウム等を用いるネルンスト灯が用いられる．

　光散乱を利用した分析法としてラマン分光がある．この手法の原理は試料への入射光と反射光の振動数が異なる現象に基づいている．この振動数の差は試料の分子振動に由来する．光源としてレーザーを用いるのが一般的であり，最近では幅広い分野の物質解析に用いられている．ラマン散乱は赤外吸収同様に分子振動を観測しており，赤外吸収スペクトルと類似の情報を与える場合が多い．最も大きな相違点は，水溶液に関する取り扱いであろう．赤外吸収では困難であるのに対し，ラマン散乱では取り扱いやすいことが知ら

れている.

2.1.4 電子スピン共鳴 (ESR)

電子スピン共鳴（electron spin resonance：ESR）または電子の常磁性共鳴（electron paramagnetic resonance：EPR）は，電子スピンにより磁性を示す常磁性物質の不対電子の振る舞いを観測することにより，物質の電子的性質を詳しく解析する手法である．NMR が原子核スピンによる電磁相互作用を利用するのに対して，本手法では電子スピンを対象としている．ESR を用いれば，不対電子の有無や，存在する場合はその周辺状況が解析できる．分子やイオンの中に存在する不対電子は，他の不対電子や原子核と相互作用しているため，これを観測することにより電子状態を解析できる．多くの不対電子等が含まれる複雑な相互作用により，ESR スペクトルは一般に分裂した多重線として観測される．このようなスペクトルが示す構造を超微細構造と呼ぶ．試料は溶液，固体を問わず測定可能であるが，溶液状態では分子運動がさかんなため不対電子の相互作用の中で異方性が平均化され，等方性成分のみが観測される．安定な不対電子をもつ試料の他，短寿命不安定種についても，測定試料管中でラジカルを調整する等して測定することが可能である．

ESR の原理

ESR は原理的に NMR とまったく同じである．電子スピン共鳴はマイクロ波の領域で実用化されたのに対して，NMR は超短波領域で観測されるため，分光計の電子回路が異なっているが，本来同類の分光法である．

電子スピンによる磁気モーメント μ は次式で与えられる．

$$\mu = g\beta S$$

ただし，S は電子スピンの角運動量，g は分光学的分離定数，β はボーア磁子とする．

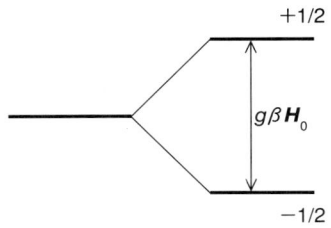

図 2.1 ゼーマン分裂

ばらばらな向きをもった電子スピンに外部磁場 H_0 を作用させると，2 つの電子スピン状態 $S = \pm 1/2$ に分裂する（ゼーマン効果）（図 2.1）．プランク定数 h，光速 c，波長 λ とすると，低エネルギー状態から高エネルギー状態へ遷移させるのに必要なエネルギー ΔE は次式で与えられる．

$$\Delta E = g\beta H_0 = \frac{hc}{\lambda}$$

したがって自由電子に関して $g = 2.002319 \cong 2$ とすると，

$$\lambda = \frac{1.1 \times 10^4}{H_0}$$

となり，外部磁場 $H_0 = 1\,\mathrm{T}$ のとき外部より電磁波エネルギーを吸収し波長 1 cm の電磁波による電子スピン共鳴が観測される．この波長領域はマイクロ波と呼ばれている．ESR では用いる波長により X-バンド（$\lambda = 3\,\mathrm{cm}$，9.4 GHz（ヘルツ）），K-バンド（$\lambda = 1\,\mathrm{cm}$，24 GHz），Q-バンド（$\lambda = 0.8\,\mathrm{cm}$，35 GHz）に分かれる．

g 値（Lande g 因子）は吸収位置を示しており，NMR の化学シフト（5.3.1 項参照）に相当する．これは，電子スピン角運動量と軌道角運動量の相対値であり，共鳴条件下で共鳴周波数 n と外部磁場 H_0 との比で表される．自由電子の場合，先に示したように 2.002319 となる．ESR スペクトルより得られるもう 1 つの重要な基本データは，不対電子と核スピン $I \neq 0$ の核スピン

をもつ他の核との結合定数である．不対電子が核スピン I をもつ n 個の等価な原子と相互作用する場合，吸収線は $(2nI+1)$ 本の超微細構造線に分かれる．

ESR で観測容易なラジカルを被験分子に導入し，スペクトルを測定して化学的環境を解析する手法をスピンラベル法と呼ぶ．これにはニトロキシル（$>$N$-$O$\cdot$）を導入するのが一般的である．スピンラジカル試薬として用いる有機ラジカルは，1) 空気中で安定で単離可能，2) 小分子でありスピンラベル化に伴い他に影響を与えない構造類似体であること，そして，3) ESR スペクトルが単純で解析が容易なこと等が必須事項である．頻繁に用いられるスピンラベル試薬としてピペリジンニトロキシド，ピロリジンニトロキシドおよびドキシルニトロキシド等があげられる．

ESR の生化学への応用

スピンラベル試薬を被験試料内に導入することができれば，いかなる形状の生物試料も原理的には測定可能となる．また，この手法の特徴は比較的微量な試料に対して非侵襲的に，かつ高感度で測定することができることである．主な生体分子においては膜，タンパク質の解析，およびスピンイムノアッセイ等への応用が報告されている．

生体膜に関しては，脂肪酸スピンラベル試薬をリン脂質に取り込ませたり，またコレステロール類似スピンラベル試薬を用いて膜構造の解析が行われている．脂質膜についてスピンラベル法により膜間の分子分散や膜平面内での分子移動，あるいは二重膜内外の転移や分子軸まわりの運動，およびクラスター形成等に関する情報が得られる．膜タンパク質の活性は埋め込まれた脂質膜局所の性質により変化し，またタンパク質はその近傍の脂質に影響を与える場合もある．このようなタンパク質-脂質相互作用は組成を変えた人工膜の中にタンパク質を埋め込むことによって研究されている．また，膜タンパク質をスピンラベルして ESR スペクトルに対する脂質膜状態の影響を調

べることもできる．また，脂質-脂質相互作用を調べることもできる．コレステロール効果を用いる手法があるが，これはコレステロール過剰摂取による脂肪酸スピンラベルの運動低下を誘発する際等に用いる．さらに，スピンラベル分子が膜内で集合体を形成した場合，スピン-スピン相互作用のためESR シグナルはブロードニングし，最終的に 1 本のシグナルになることを利用して，これらの分子クラスターの解析が行われる．

　タンパク質の解析については 2 つに大別される．すなわち，1) アミノ酸残基にスピンラベル試薬を結合させる方法と，2) 補酵素，基質および阻害剤等をスピンラベル化した誘導体を用いるものである．後者の特殊な例として免疫学的用法であるスピンイムノアッセイ（スピンラベルによる酵素免疫測定法）がある．

　生化学領域への ESR の応用としてこの他に，酵素反応へ適用した例や，生体に含まれる金属を利用した酵素反応機構解析等が知られている．生体にとって重要な役割をもつ鉄，銅，コバルト，マンガン，モリブデン等の遷移金属は不対電子をもつため ESR 解析に用いることができる．このように金属酵素や生体関連錯体の分野にも ESR は大きく寄与している．

2.1.5 旋光度測定法

　有機化合物の特徴の 1 つに，立体構造に関する因子であるキラリティー（掌性）がある．この分析法として，旋光分散（ORD）および円二色性（CD）を用いる手法がある．人間の左右の手は一見同じように見えるが，決して重ね合わせることはできない．これはちょうど実像と鏡に映る像との関係，すなわち左右の関係になっており，自然界に存在する分子は基本的には左右どちらかの立体構造に分類される．これを光学活性と呼ぶ．光学活性をもつ分子の掌性は，透過光の偏光面を回転させる性質，すなわち旋光性をもつため，これを測定することにより分析が可能となる．光学活性分子の旋光度が波長によって変化する現象を旋光分散と呼ぶ．偏光面の揃った入射光が光学活性

分子を通過すると,一定の旋光角で偏光面の回転が起こり,屈折率および吸光係数の違いからその吸収領域では楕円偏光となる.この現象を円二色性と呼ぶ.

旋光度

光は電磁波の一種であり,電磁波は電場と磁場の波が交互に繰り返しながら伝搬する(図 2.2).ここで電場は E,磁場は H とすると,光の進行方向および磁場を含む面を偏光面,光の進行方向と電場を含む面を振動面と呼ぶ.通常の自然光は多数の振動面が混在している.

また,磁場のベクトルが一様ではなく,光の進行方向に垂直な面のある側に偏っているものを偏光という.この偏光を合成することによって左旋性,右旋性の円偏光をつくることができる.この自然光を偏光子やニコルプリズムに通すと,この光の振動面がただ 1 つになる.偏光子から出た光は,多数の振動面の電場が偏光子を通過することにより単一のものに絞られるため単

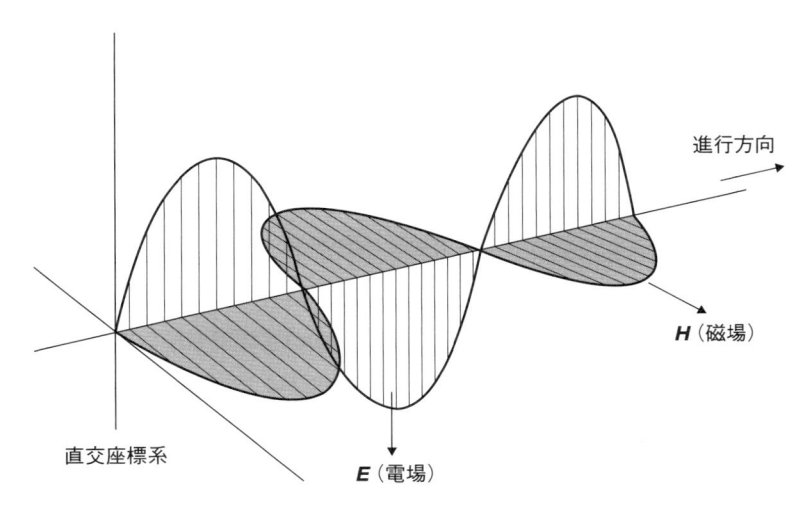

図 2.2 光としての電磁波

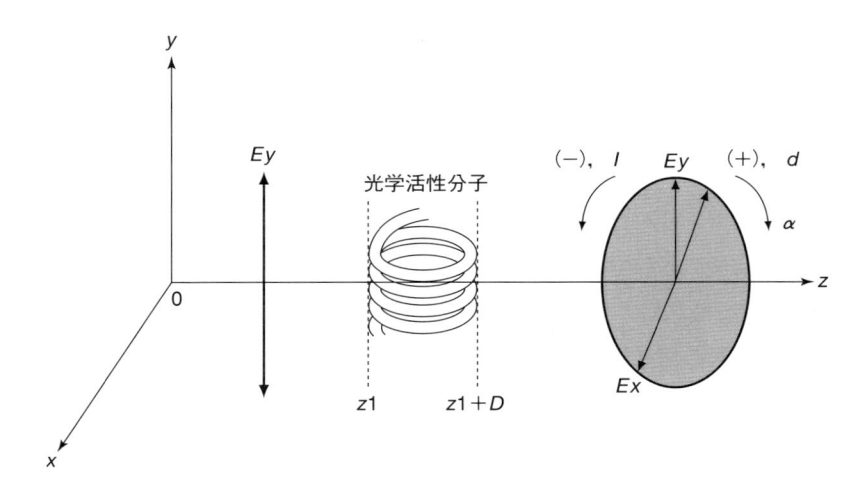

図 2.3 光学活性と旋光性

一の電場となる．この単一の電場の偏光を直線偏光または平面偏光と呼ぶ．

この直線偏光を光学活性分子に当てた場合について考えてみる．図 2.3 の中央にあるらせんは光学活性，すなわち鏡像対称をもたない分子を表している．入射波は y 方向に偏光されている（Ey）．この光が光学活性ならせん状分子に当たった場合，分子中の電子は y 方向に移動することにより電流が流れ，y 方向に偏った電場 Ey の光を輻射する．しかし分子はらせんを巻いているため電子の動きは束縛され，これに沿ったものとなり x 方向への運動も同時に生じる．アキラルつまり鏡対称な分子であれば，x 方向の運動は左右が正確に同等となるため電流方向はお互いに逆となり打ち消し合い，輻射は観測されない．しかし，光学活性分子では，電子がらせんの直径 D，すなわち $z1$ から $z1+D$ 移動するのにわずかではあるが時間差を伴うことになる．$z1$ の電流により輻射される電場と $z1+D$ の電流により輻射される電場の時間差 Dt は $Dt = D/c$ となり（c は光速），このとき位相差 Df は，$Df = \pi + \omega D/c$ となる（ω は角速度）．このため $z1$ と $z1+D$ の 2 つの電場は完全には打ち消し合うことができず，入射波が y 成分だけの直線偏光であるにもか

かわらず，x 成分がわずかに残ってしまう．この y 成分に比べ小さな x 成分が入射波をわずかに傾かせた合成電場を生じる．電場は，光がこの物質中を進むにつれて光の軸のまわりを回転する．

直線偏光は進行方向から見た場合，一般に電場の振動が右回りに回転しながら進行してくる光（d 成分）と左回りに進行してくる光（l 成分）の合成としてとらえられる．これらは，それぞれ右回り，左回りの円偏光と呼ばれる．dl 両成分がアキラルな媒質を通過する場合は 2 つの円偏光は位相が同じで，それらの合成波の偏光面は媒質に入射する面と一致する．しかし，図 2.3 に示したように，キラルな物質を通過するとき，媒質通過後互いに位相差ができ，これが原因で合成波として得られる偏光面は傾く．媒質通過後，入射波に対して右に傾く光学活性物質は右旋性（dextrorotatory）（＋），左に傾く場合は左旋性（levorotatory）（－）と呼ばれる．また，偏光面の回転角（α）を旋光度と呼ぶ．

温度 t，波長 x，層長 l，濃度 c とすると，次の式が成り立つ．

$$[\alpha]_x^t = \frac{100\,\alpha}{lc}$$

左辺は比旋光度と呼ばれ，一定条件下では物質に固有の値となる．ただし，x は通常 Na の D 線を使用するため D と記述する．

円二色性

円偏光二色性とは，その内部構造がキラルな物質が円偏光を吸収する際に左円偏光と右円偏光に対して吸光度に差が生じる現象のことである．円二色性あるいは CD（circular dichroism）とも呼ばれている．

先に説明したように，直線偏光は同じ振幅をもつ左円偏光と右円偏光の和と見なすことができる．そのため，直線偏光が円二色性をもつ物質中を通過すると，その直線偏光を構成していた左円偏光と右円偏光に振幅の差が生じるため楕円偏光に変化する．また，さらに旋光性により楕円の軸の回転も起

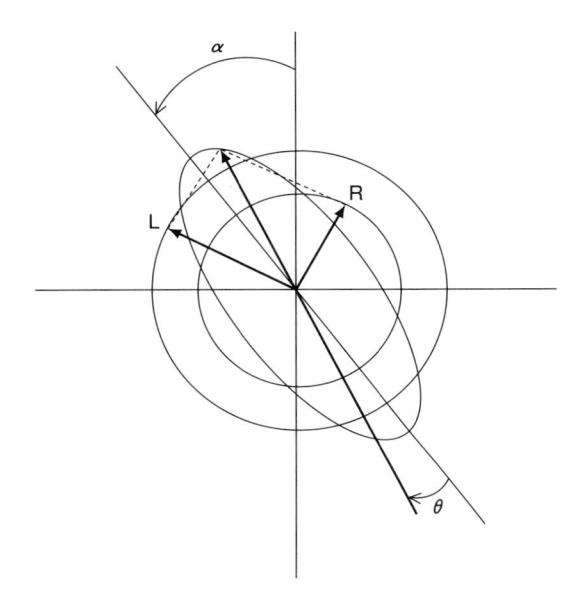

図 2.4 円二色性と楕円偏光

こる．旋光性が任意の波長で見られるのに対して，円二色性はその物質が吸収する波長でしか見られない．円二色性の大きさは，左円偏光に対する吸光度 A_L から右円偏光に対する吸光度 A_R を差し引いた円二色性吸光度 $\Delta A = A_L - A_R$ で表される．もしくは $\tan\theta$ が，楕円偏光の短軸での振幅の長軸での振幅に対する比となるような楕円率 θ で表される（**図 2.4**）．一対の鏡像異性の関係にある物質について，旋光度と同様に円二色性は絶対値が等しく逆の符号になる．

　光学活性物質が光を吸収するとき，その波長に伴って左右の円偏光に対するモル吸光係数の差も変化する．左右円偏光の吸光度にはランバート–ベールの法則が成立するから，円二色性吸光度にもランバート–ベールの法則が成立する．すなわち濃度 c，光路長 l としたとき $\Delta A = \Delta\varepsilon cl$ が成り立つ．このときの $\Delta\varepsilon$ をモル円二色性という．横軸に波長，縦軸に左右円偏光に対

するモル吸光係数の差の変化を表したものを円偏光二色性スペクトル，円二色性スペクトル，あるいは CD スペクトルと呼ぶ．円二色性スペクトルが正のピークをもつとき，これを正のコットン効果（Cotton 効果），負のピークをもつとき，これを負のコットン効果と呼ぶ．また，化合物によってはコットン効果の符号と大きさを理論的に計算することができる．これにより絶対立体配置を決定することが可能である．

円二色分散計は 1 台で ORD，CD，MCD（磁気円二色性）の測定が可能であり広く普及している．ORD は波長を走査しながら測定するための連続光源と分光器を備えており，光学活性試料を通過して回転した偏光面に対して，検光子が直行するように回転させ，その角度から旋光度を求めている．CD では直線偏光を円偏光変調素子に導入して左右の円偏光を交互に発生させ，試料を通過した光の強度を検出器で測定する．

旋光分散

旋光分散（optical rotatory dispersion：ORD）とは，偏光の波長の変化につれて旋光度が変化する現象のことである．物質の屈折率を複素数で表した場合，旋光性は左右円偏光に対する屈折率の違いによるものであり，複素屈折率の実部で表される．これに対し，左右円偏光の吸収の差である円偏光二色性は複素屈折率の虚部で表すことができる．このような複素屈折率においては，全波長における実部がわかれば虚部を，逆に全波長における虚部がわかれば実部を計算することができる．すなわち旋光分散スペクトルと円偏光二色性スペクトルは，どちらか一方を測定すればもう一方は計算で求めることができる．

波長の変化につれて旋光度がなだらかに変化する曲線を示す場合，すなわち，旋光分散を測定した波長範囲の光を光学活性物質が吸収しない場合，これを単純曲線と呼ぶ．一方，波長の変化につれて旋光度が山と谷を伴って変化する曲線を示す場合，すなわち旋光分散を測定した波長範囲の光を光学活

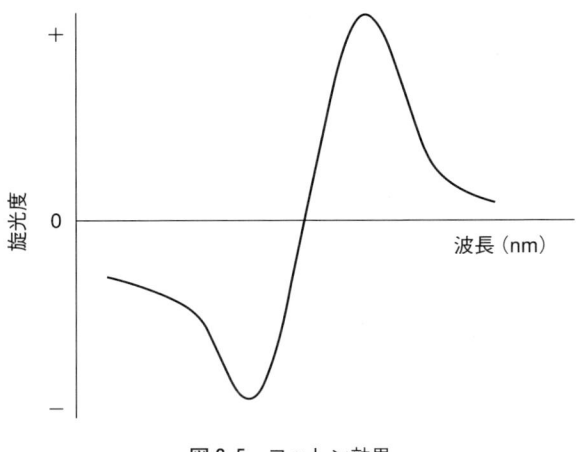

図 2.5 コットン効果

性物質が吸収する場合，これを異常分散曲線またはコットン効果曲線と呼ぶ（図 2.5）．

この他にも，磁場により誘起される円二色性，磁気円二色性や旋光性，磁気旋光（MOR）が知られている．磁気の存在下では物質は左右円偏光に対する屈折率と吸収係数が異なるので，旋光性と円二色性が生じる．

CD を用いて絶対構造が決められる？

不斉または掌系は化学においては一般的だが，一方では分子の魅力的な性質でもある．通常これは結晶または溶液における安定な状態での光学活性として定義される．しかし，すべてのコンホメーション変換可能な，いわゆるアキラルな化合物も，一般にキラルなコンホメーションをとることができる．例えば，三次元的に定義されるタンパク質や糖の結合部位において，一般にアキラルな化合物であっても，キラルなコンホメーションをとる．このような分子は分子不斉をもっている．不斉能はラセミ化のエネルギー障壁により

安定化する．一般に，分子不斉はエネルギー障壁が比較的大きく，バイノールやビフェニル，ヘリセンやプロペランタイプの化合物に見られるように，これらの不斉は周囲の温度により保持される．

1,2-ビス (*N*-ベンゾイル-*N*-メチルアミノ) ベンゼンは分子中光学活性中心をもたないが，お互いに鏡像の関係にあり分子不斉を有している．これら分子不斉化合物の絶対構造の解析に CD を用いることができる．

この化合物を無水酢酸エチルから再結晶すると美しい光学活性のある結晶を得ることができる．この結晶の KBr による CD スペクトルにおいて，260 nm の楕円偏光の符号よりエナンチオマーを区別する．ビナフトールとの混晶による X 線解析から絶対構造の決められている結晶を用い，エナンチオ

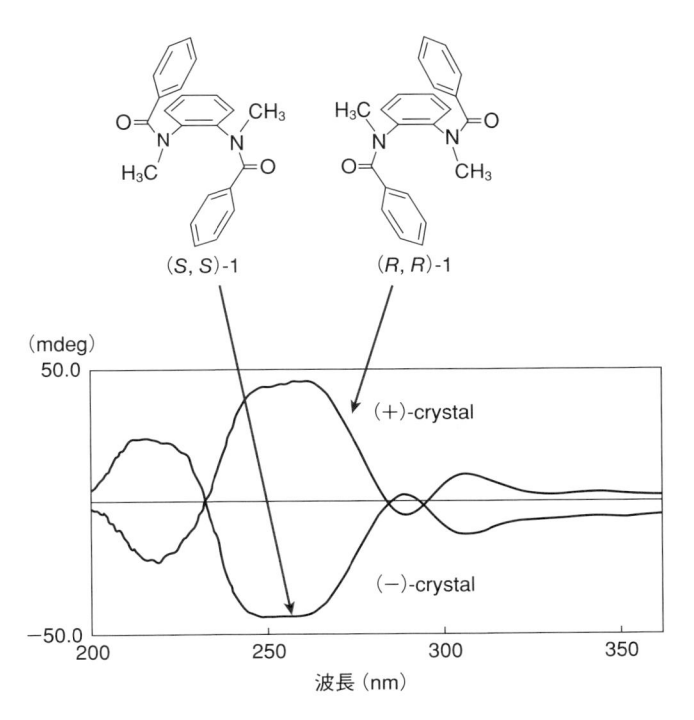

図 (*S*,*S*)-(−)-および (*R*,*R*)-(+)-1,2-ビス (*N*-ベンゾイル-*N*-メチルアミノ) ベンゼン

マーのコンホメーションと（＋），（－）の符号を対応づけることができる（図）．

演習問題

［1］電磁波の周波数と分析の関連について説明せよ．
［2］赤外分光スペクトルの原理を説明せよ．
［3］医薬品の旋光度を測定することはどのようなことに役立つか．

第3章　質量分析

　質量分析の原理，装置，測定など，構造解析手法として利用するための知識を習得する．特に本手法において重要なイオン生成やイオン分離についての理解を深める．種々のイオン化手法を紹介し，現在までに解明されているこれらのイオン化機構について考察することにより，物質（有機化合物）の性質の理解に質量分析がどのように関わってきたかを詳しく学ぶ．装置の調整や試料導入，そして測定条件の設定やデータ出力，さらにスペクトル解析について解説する．また，質量分析による生体高分子の構造解析法についても解説する．

　質量分析（mass spectrometry：MS）は分子を何らかの方法でイオン化し，種々の電磁的手法で質量と電荷の比を測定する手法である．この分析法は医薬品をはじめ，ガスや低分子有機化合物および無機化合物，さらに各種の材料から生体高分子に至るまで広く利用されている．質量分析は，基本的には分子量を測定する手法だが，このとき同時に分子の断片についての情報が得られるため，有機化合物の一般的な構造解析手法として用いられている．また，精密測定を行うことにより分子の元素組成を決定することもできる．さらに，近年プロテオミクス（proteomics, p.51の表3.2参照）への利用がさかんに行われ，他の分析手法に比べ著しく高い検出感度をもつことから生体分子，特にDNAの塩基配列の決定やタンパク質の諸性質の解析にも活発に利用されている．

3.1 質量分析の概略

質量分析は大きく分けて3つの部分から構成される.すなわち,1) イオン化部,2) 質量分析部,3) 検出部である.イオン化部はイオンを生成するためになくてはならない部分であり,現在までに数々の手法が開発されてきた.本章では一般的イオン化法である電子イオン化 (electron ionization:EI),高速原子衝撃 (fast atom bombardment:FAB) について説明する他,生体への応用に関しエレクトロスプレーイオン化 (electrospray ionization:ESI) およびマトリクス支援レーザー脱離イオン化 (matrix assisted laser desorption ionization:MALDI) について説明する.

質量分析部も種々の手法が知られている.ここでは電場と磁場による手法を例に原理を説明する (図3.1) が,この他にも四重極質量分析装置 (quadrupole mass spectrometer:QMS) や飛行時間質量分析装置 (time-of-flight mass spectrometer:TOF MS) およびフーリエ変換イオンサイクロトロン共鳴質量分析装置 (FT-ICR MS) 等が存在する.

図3.1に質量分析の概略を示す.被験試料はまずイオン源に挿入される.ここで注意しなければならないのは,通常のイオン源は高真空下にあるとい

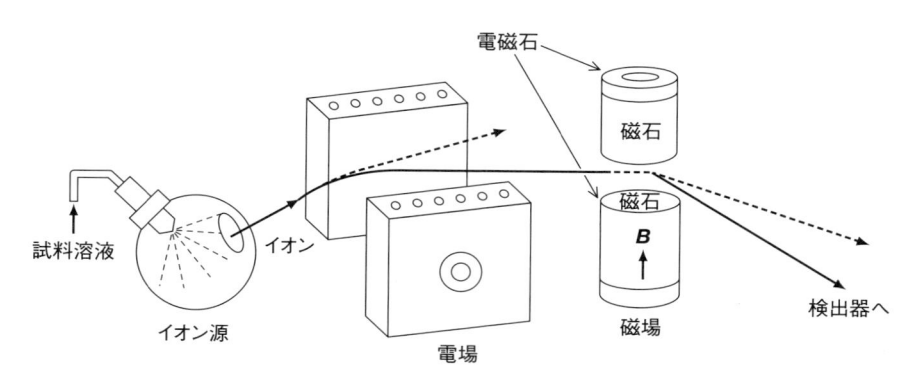

図3.1 質量分析の概略

うことである．このため，大気圧から試料を導入する際には予備排気を行う必要がある．イオン源に試料が導入されると，例えば電子イオン化であれば加熱気化した試料分子に熱電子を照射し，最外殻電子をたたき出すことにより正のイオンを生成する．このイオンは加速電圧により加速されて質量分析部に入り，電場および磁場により質量と電荷の比 m/z に応じて分離される．この分離されたイオンは検出器に到達し，電気信号として検出，記録される．

　質量分析は一般にとても高感度であり，イオンが 10 〜 100 個あれば検出可能であるといわれている．これは 1 モルの原子（イオン）の数から考えても極めて少ない量である．しかしその反面，データの解釈には注意を払わねばならない．試料の純度が低い場合は不純物のイオン由来の信号を検出してしまう可能性があり，また電子イオン化においては蒸気圧の低い分子の検出感度は低下する一方で，ごく微量でもイオン化されやすい分子はとても強いイオンピークを与えることがある．したがって，質量分析における定量性は，特にイオン化に関してはほとんど認められないといっても過言ではない．つまり，質量分析は定性的分析法としてとらえるべきであろう．これは，電子イオン化以外のイオン化法の機構解明が未だ充分とはいいがたいことと，イオン化効率自体が一般に極端に低いこと，さらに，このため検出器のキャリブレーション（校正）さえ精密に行えないことに起因すると考えられる．

3.1.1　イオン源

　前述の通り，質量分析はイオン分析であり，試料のイオン化が測定に大きく関わってくる．一般に定常状態で安定有機化合物をイオン化するためにはかなり大きなエネルギーを必要とする．このイオン化およびその余剰エネルギーによって分子が壊れてしまうこともしばしばある．質量分析の黎明期には放電（DC）によるイオン化が主流であったため，このときのエネルギーはとても大きく，有機化合物が分析の対象となるとは誰も考えなかった．この放電イオン化はもっぱら同位体分析に用いられた．その後，電子イオン化

high energy ionization

DC
↑ hard
EI
CI
FD, FAB
MALDI
ESI
↓ soft
CSI

low energy ionization

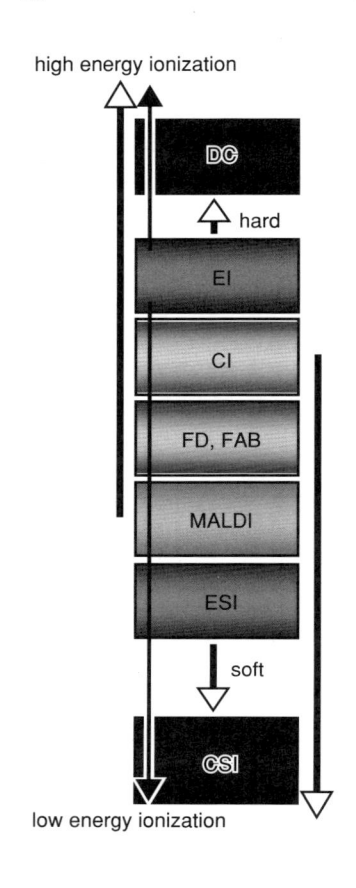

(EI) が報告され，さらに試料分子へのエネルギーを小さくした化学イオン化 (CI) がもたらされるに至り，医薬品をはじめとする有機化合物への適用がさかんになった．さらにイオン化に用いるエネルギーの試料分子への影響が小さく，また電子イオン化や化学イオン化では不可能だった不揮発性化合物をイオン化する電界脱離 (field desorption : FD) や FAB 等のイオン化法が開発され，また生体高分子に適用できる ESI や MALDI が登場した．また最近ではイオン化の際最小限のエネルギーでイオン化できるコールドスプレーイオン化質量分析 (cold-spray ionization mass spectrometry : CSI-MS) が登場し，不安定な分子のイオン化に用いられるようになった．

3.1.2 イオン化法

電子イオン化 EI (electron ionization)

電子イオン化は被験試料分子に対する熱電子の衝撃によるもので，熱電子流の中に置かれた試料分子の電子脱着に基づく．通常電子衝撃により試料分子の最外殻電子が1つたたき出され，分子全体が1価のラジカル正イオンとなる．はじめ EI を electron impact（電子衝撃）としていたが，現在では電子イオン化と呼ぶのが一般的である．

このイオン源は高真空下にあり，予備排気を経てイオン源に導入された試

3.1 質量分析の概略

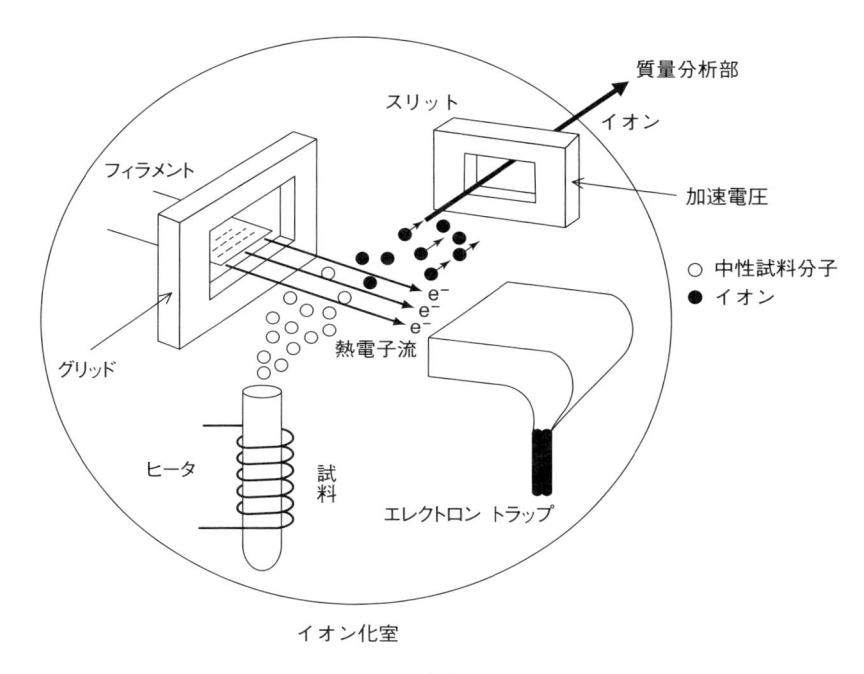

図3.2 EIイオン源の原理

料は加熱気化して熱電子流に曝される．ここで電子を失ったラジカルカチオンは加速電圧を印加したスリットを通り加速され，質量分析（イオン分離）部へ到達する（**図3.2**）．

この電子イオン化では，試料が気化することが第一条件であり，この際の加熱に対して分子が安定である必要がある．さらに熱電子との衝突でも分子全体が分解しないことが求められる．

分子がこれらに不安定な場合は，直接試料分子を熱電子流に曝さず，まずメタン，ブタン，イソブタンおよびアンモニア等の反応ガスを熱電子による衝撃でイオン化し，生成したイオンと試料分子とを反応させることにより間接的にイオン化する化学イオン化（chemical ionization：CI）を用いる．

高速原子衝撃　FAB (fast atom bombardment)

　試料の揮発性が低い生体高分子等についてはFABによるイオン化を用いる．このイオン化において試料はグリセロール等の粘性をもつマトリクスに溶解し，これにキセノンの原子核を衝突させてイオン化を行うもので，衝突エネルギーはいったんマトリクスに吸収され，間接的に試料分子に受け渡されると考えられている．マトリクスの粘性により傾斜した面に試料を塗布することが可能となり，イオン源の設計に関し，自由度が増した．イオン化のメカニズムは現在でも議論中の部分があるが，マトリクスを媒介にして試料が液層からイオン化していると考えられている．これに対して，液層と気相の接する表面からイオン化するという説もあり，FABによるパルスイオン化機構の説明に用いられている．

　いずれにせよこのイオン化法は不揮発性分子をイオン化できる他，EIに比べソフトであり，フラグメンテーション（開裂）がほとんど観測されない例が多い等の特徴をもつ．この手法ではマトリクスに溶解することが要件であり，試料が完全に溶解するマトリクスを選択しなければならない．上述のようにFABによるマススペクトルは比較的シンプルであり，分子イオン由来のイオンピークのみが与えられる場合が多い．しかし試料が溶液として存在するため，溶媒に微量含有されるイオンが付加した疑似分子イオンを与えることがある．例えば試料をメタノールに溶解した場合はMNa^+（Mは被験分子を表す）等が観測される場合がある．また溶液中で分子が会合し，二量体等の多量体のイオンピークを与える場合もある．このように，FABでは溶液由来のイオンが観測されるので，後に述べるESI等と比較されることが多い．

　図3.3に示すように，試料は垂直に近い角度で置かれたターゲットの表面にマトリクスとともに塗り込められている．これらはマトリクスの適度な粘性により流れ落ちることなくターゲット上に留まり，また高真空下で試料を包むこのマトリクス自体の揮発を抑え，長時間にわたり安定したイオンを供

3.1 質量分析の概略

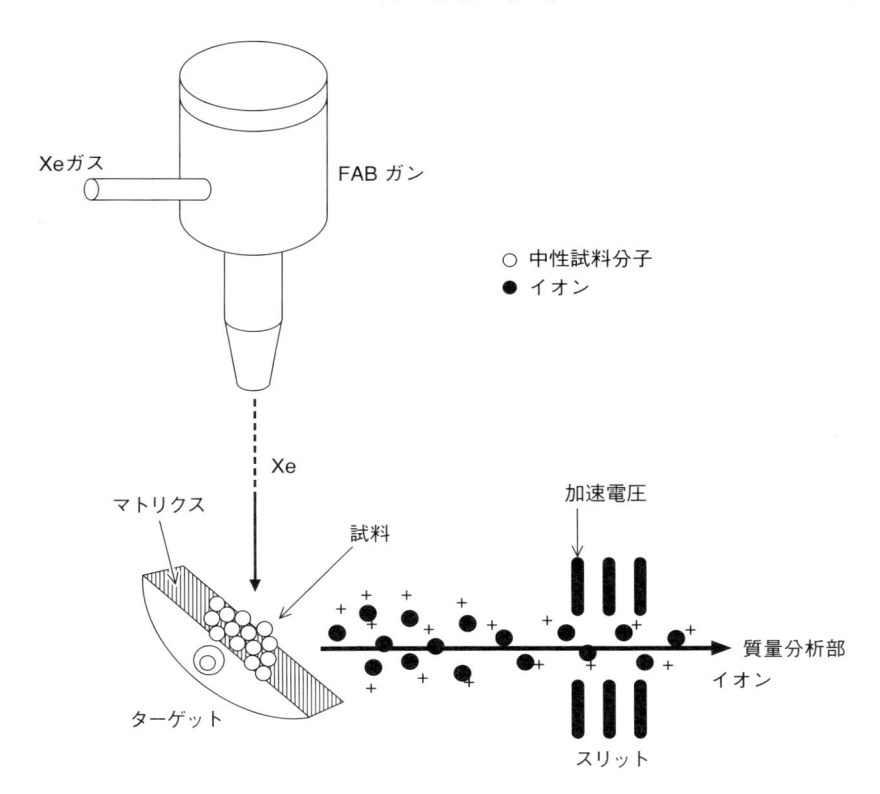

図3.3 FAB イオン源の原理

給することができる．生成したイオンは加速電極に向けて引かれ，質量分析部へ導入される．

MALDI (matrix assisted laser desorption ionization)

MALDI もソフトイオン化法として生体分析にさかんに用いられている．この手法は特に質量の大きな生体高分子の分析にも適していることから，事実上測定質量範囲が制限されない飛行時間分析計（TOF）とともに用いられることが多い（図 3.4 に MALDI-TOF の原理を示す）．MALDI は，マトリ

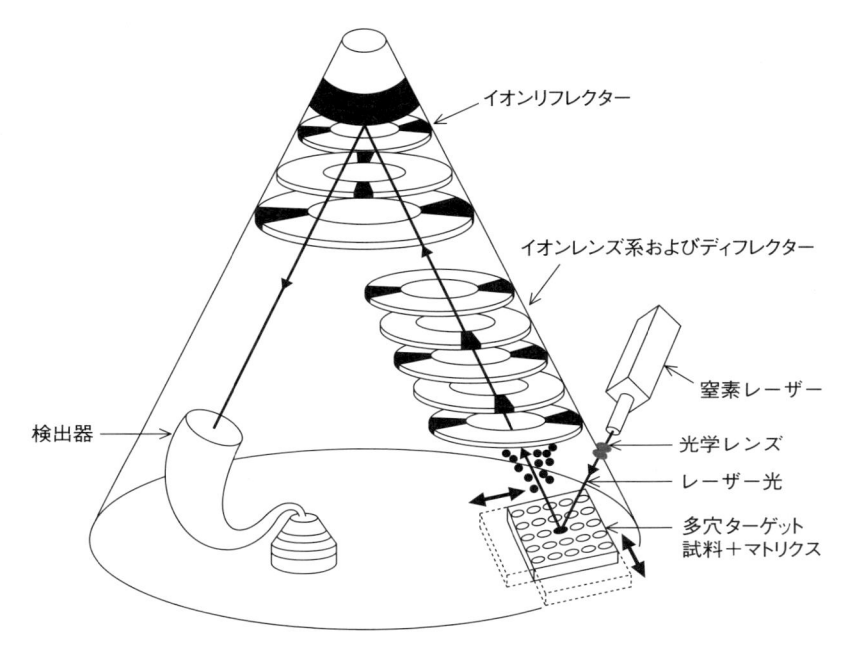

図3.4 MALDI-TOFの原理

クスを介したレーザー脱離によるイオン化法である．このイオン化は試料にレーザー光を照射し，気相イオンを生じさせる手法に基づいている．試料は特定のレーザー光の波長を吸収するマトリクスに溶解し，ターゲット上で結晶化する．照射されたレーザーのエネルギーはマトリクスに効率よく吸収され，この中に埋め込まれた試料分子を速やかにイオン化することができる．

この手法では直接エネルギーの大きなレーザー・ビームに試料分子が曝されることがなく，マトリクスがいったんエネルギーを吸収するため，比較的不安定な化合物や難揮発性の高分子化合物のイオン化に用いられている．特に，最近ではペプチドの分析に利用され，これによるアミノ酸の配列決定も行われている．このマススペクトルではFAB同様，プロトンやナトリウム付加体イオンの他，マトリクス由来のイオンも観測される．

3.1 質量分析の概略　　　　　　　　　　　　　　41

　図 3.4 の装置はイオンを反射させることにより飛行経路を延長するイオンリフレクターを装備したリフレクトロン型と呼ばれる TOF 分析装置の模式図であり，高分解能測定が可能である．

ESI (electrospray ionization)–MS

　図 3.5 に ESI の原理を示す．試料溶液はスプレーヤーに入り下方向に噴霧される．高電圧を印加したスプレーヤーには窒素ガス等の不活性ガスが導入され，常圧下で細分化された帯電液滴（エレクトロスプレー）を生成する．このスプレーは通常加熱され，溶媒を急激に濃縮することにより帯電液滴からイオンを生じると信じられている．このイオン化は減圧されたイオン源に通じるスキマーコーンを通過する付近からリングレンズ近傍で進行すると考

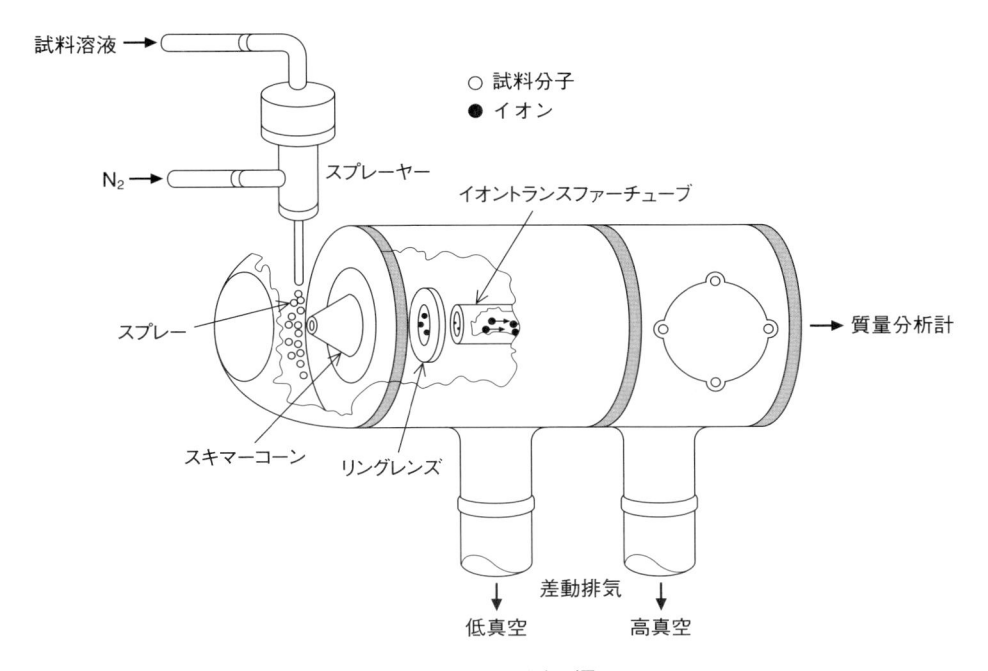

図 3.5　ESI イオン源

えられており，生成したイオンはトランスファーチューブを通して，より減圧された質量分析計へと導かれる．詳しいイオン化機構は現在も議論中であるが，被験試料溶液がイオン性の帯電液滴を生じる必要があるため，溶媒および試料にはある程度の極性が不可欠である．また，近年，溶媒の急激な濃縮が必ずしも必要とされないことが示され，加熱することなく室温でイオン化を行うこともできる．これにより試料の分解を免れることができ，ソフトイオン化として広範囲に利用されるようになった．

3.1.3 分析部

生成したイオンを質量電荷比 m/z に従って分離する機能をもつ質量分析部も種々考案されている．ここでは初期の質量分析装置に用いられた典型的な磁場型を例に説明する．質量分離作用は基本的には電場および磁場と運動エネルギーを有する荷電粒子との相互作用に基づいている．

初期の質量分離部にはもっぱら磁場が用いられた．実際にはイオンが通過し，力を受ける扇形の部分をもとに展開されたため，この種の質量分析計をセクター型と呼ぶこともある．

磁場・電場型質量分析計

図 3.6 に磁場による質量分析計の原理を示す．この図は，加速されたイオンが磁場中に導入され，磁場により質量電荷比に応じて軌道が変化する様子を示している．加速されたイオンのポテンシャルエネルギーは運動エネルギーに等しい (式 (1); v は速度)．磁場中の荷電粒子はローレンツ力を受け円運動を行う．このときの遠心力と角運動量はつり合っている (式 (2))．式 (1)，(2) をまとめると式 (3) が得られ，質量電荷比 m/z が，電気素量 e，曲率半径 R および加速電圧 V が一定のとき磁場強度 B の二乗に比例することを示している．すなわち磁場を増すにつれて質量電荷比が順次増大することになる．

3.1 質量分析の概略

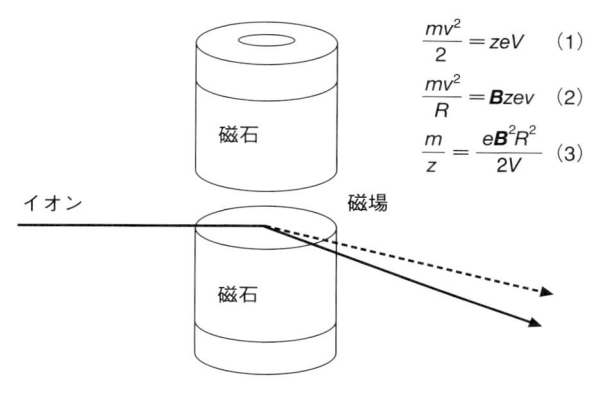

$$\frac{mv^2}{2} = zeV \quad (1)$$

$$\frac{mv^2}{R} = \boldsymbol{B}zev \quad (2)$$

$$\frac{m}{z} = \frac{e\boldsymbol{B}^2 R^2}{2V} \quad (3)$$

図 3.6 磁場型分析系

　実際の装置では，イオン収束を高め分解能を向上させるため電場と組み合わせて用いることが多い．これを二重収束質量分析計と呼び，組み合せ方法によって磁場-電場型 (B-E)，電場-磁場型 (E-B) が存在する．

四重極型質量分析計 (QMS)
　質量電荷比を分析する手段は磁場や電場の他にも多種用いられている．中でも特に四重極 (QMS)，飛行時間 (TOF) およびフーリエ変換 (FT) が頻繁に用いられていることは既に述べた．
　QMS (quadrupole mass spectrometer) は Q マスあるいはマスフィルターとも呼ばれ，4 本の平行する柱状電極から構成されるコンパクトな質量分析計である (図 3.7)．分解能や測定質量範囲は他の分析手法に比べ少し制限されるが，高感度にして安価であり構造が大変シンプルである等の利点を有するため，現在広く普及している．原理も比較的理解しやすい．すなわち，4本の平行する柱状電極に導入されたイオンはこれらの電極に印加された高周波電場 (電圧 V) の中を振動しながら進行し，特定の周波数 ν に対応するイオンのみが振幅増大を起こすことなく通過して検出器に到達する仕組みであ

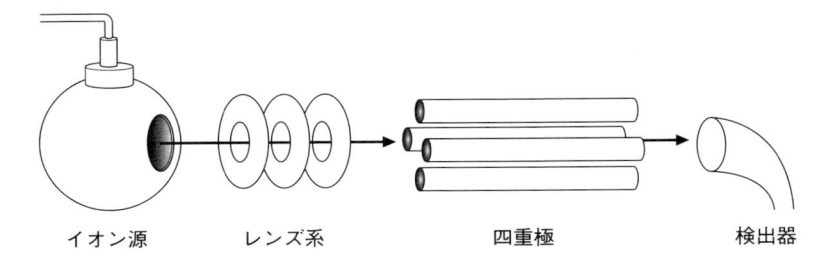

図 3.7　QMS の原理

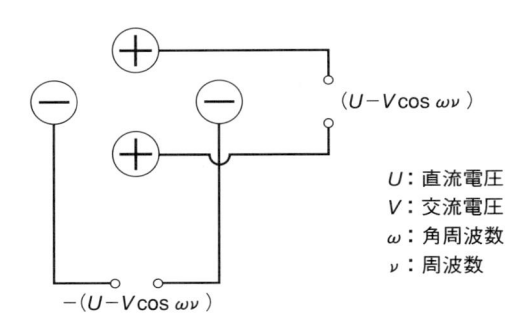

図 3.8　四重極

U：直流電圧
V：交流電圧
ω：角周波数
ν：周波数

る．四重極には同時に直流 U も印加されており，スキャンの際は ν を固定し，U/V を一定に保ちつつ V を変えて行う（図 3.8）．

　QMS はイオン分離の他にも，イオントラップや衝突活性化室（collision chamber：CC）として用いられることもあり，他の分離手法と組み合わせたハイブリッドタイプの質量分析計の構築に利用される．四重極の内部電場を調節して，イオンを一定時間閉じ込めるリニアトラップとして後に述べる FT-ICR MS の前段に装備される．また直列に接続された三段のうち二段めの Q ポールを CC として用いるトリプル QMS も存在し，ハイブリッドタイプとともに精密な分析に用いられている．

飛行時間 (TOF) 質量分析計

TOF 質量分析計（time-of-flight mass spectrometer）は，一定長の分析管をイオンが通過する時間により質量分析を行う．重いイオンは軽いイオンに比べ飛行時間が長くなるため，この差を利用している（図 3.9）．この手法では比較的高い分解能を実現することができ，また質量範囲も高分子量側に適した広範囲の測定が可能である．さらに，リフレクトロン等を用いて飛行距離を拡大したり，衝突活性化による構造解析にも利用されている．一方，各質量のイオンを同時に飛行開始する必要があるため，経時変化を記録する各種クロマトグラフィーとの連結にはそれなりの工夫が必要となる等，他の質量分析計に比べ不利な点もある．しかし，MALDI と組み合わせて不揮発性生体高分子の分析に適用される例が近年増大し，大きな成果をあげている．

$$\frac{m}{z} = \frac{2\,eVt^2}{L^2}$$

電荷 e, 加速電圧 V, 飛行時間 t, 飛行距離 L とすると，質量電荷比 m/z は上の式で与えられる．この式は，飛行時間，加速電圧および飛行距離が一定のとき，質量電荷比は飛行時間の二乗に比例することを示している．

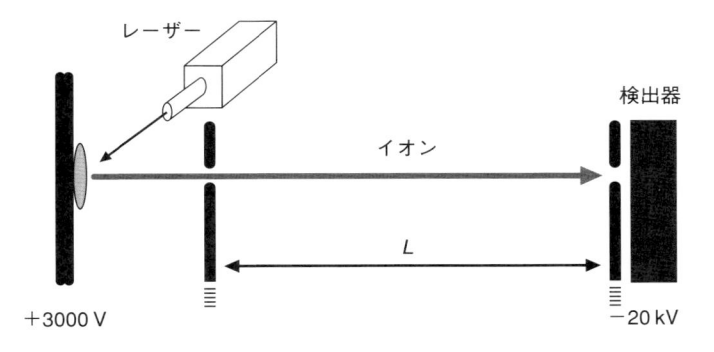

図 3.9　TOF 質量分析計の原理

フーリエ変換型 (FT) 質量分析装置

　イオントラップ質量分析装置 (ion trap mass spectrometer：ITMS) は，四重極分析部等のように電場とイオンの相互作用により電極内にイオンを一定時間閉じ込め，より高度な分析を行う手法である．イオンをトラップするために磁場によるイオンサイクロトロンを用いたものに，フーリエ変換イオンサイクロトロン共鳴質量分析装置 (Fourier transfer-ion cyclotron resonance mass spectrometer：FT-ICR MS) がある．分解能や感度が他の質量分析手法に比べ飛躍的に向上するこのFT-ICR MSについて説明する．図3.10にEIイオン源を備えたフーリエ変換イオンサイクロトロン共鳴質量分析装置の原理を示す．

　高真空中，加熱気化した試料分子はフィラメントから照射される熱電子の衝撃によりイオン化され，イオン源中心部の円で示された部分，すなわちイオンサイクロトロン運動を生じる電極に囲まれた四角形の箱 (セル) へ運ばれる．超電導磁石によりセル全体が強磁場中に置かれ，ここへ導入されたイオンは磁場の方向に対して垂直な面内で回転運動する．この周波数を f，磁場強度 B，定数 K とすると次式の関係が求められる．

$$f = \frac{KB}{m/z}$$

ここで，周波数 f の交流電場を送信電極に加えると，この回転周波数をもつ質量のイオンのみが共鳴し位相がそろうことにより回転半径がしだいに増大する．このため受信電極に，イオン数に比例した振幅をもつ誘導電流を生じる．一定の質量範囲をスキャンする場合は，対応する周波数の交流電場を加えて高速スキャンし，イオンを連続的に共鳴させる．観測される各イオンの質量電荷比に相当する周波数の合成波をフーリエ変換して，もとのそれぞれの質量を求める．FT-ICR MSは分解能および感度がずばぬけてよいことから，各種イオン源と組み合わせて用いられる．特に高質量領域においても高い分解能を維持できることから，生体高分子のイオン化に用いられるESIや

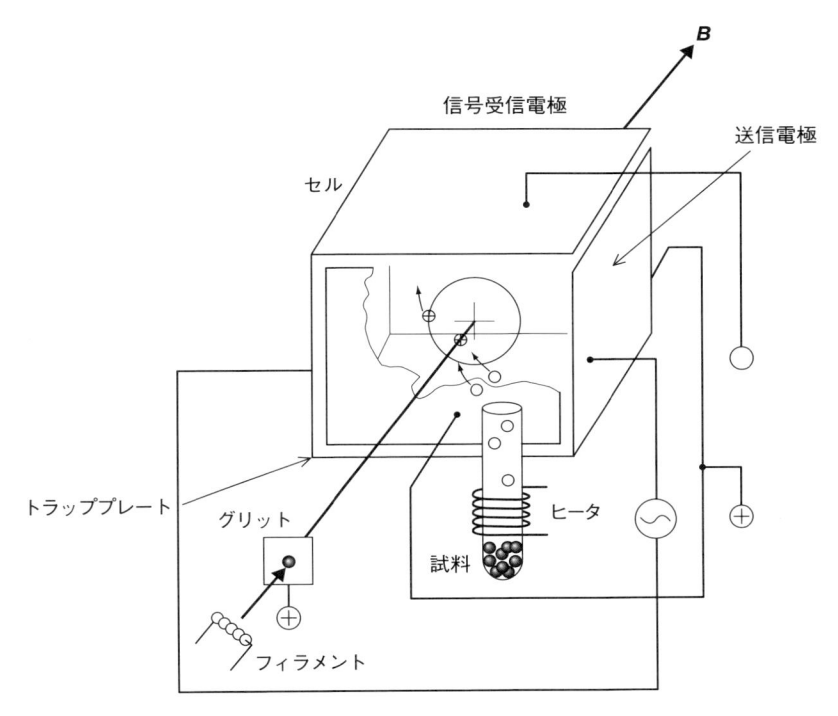

図3.10　フーリエ変換 (FT) 質量分析計の原理

MALDIとの組み合せが普及している．現在市販されている装置は超電導磁石の強さにより数種類存在する．磁場が強いほど分解能と感度が高くなるが，装置が大型化し，また冷媒（液体ヘリウムや液体窒素）も多量に必要となる等の欠点をもっている．

3.2　測定の実際

実際の測定では，種々のイオン化法と質量分析法を組み合わせた装置の中から被験試料に最も適した手法を選択する．以下に示す安息香酸の例では

EIと磁場型を組み合わせた装置による解析例を，またp-ニトロアニリンの精密質量測定ではESIを装備したTOF型質量分析装置によるデータを示す．

3.2.1 スペクトル解析

質量分析による測定結果を記録したものをマススペクトルと呼ぶ．電子イオン化による安息香酸メチルのマススペクトルを図3.11に示す．横軸は質量電荷比m/z，縦軸はイオン強度を表す．これは最も強いイオンピーク（ベースピーク）を100とした相対強度で表す．低分解能質量分析では，C＝12，H＝1，O＝16，N＝14等のように分子を構成する各原子の陽子と中性子の数の総和を用いて計算した質量，すなわち整数質量を棒グラフ（イオン

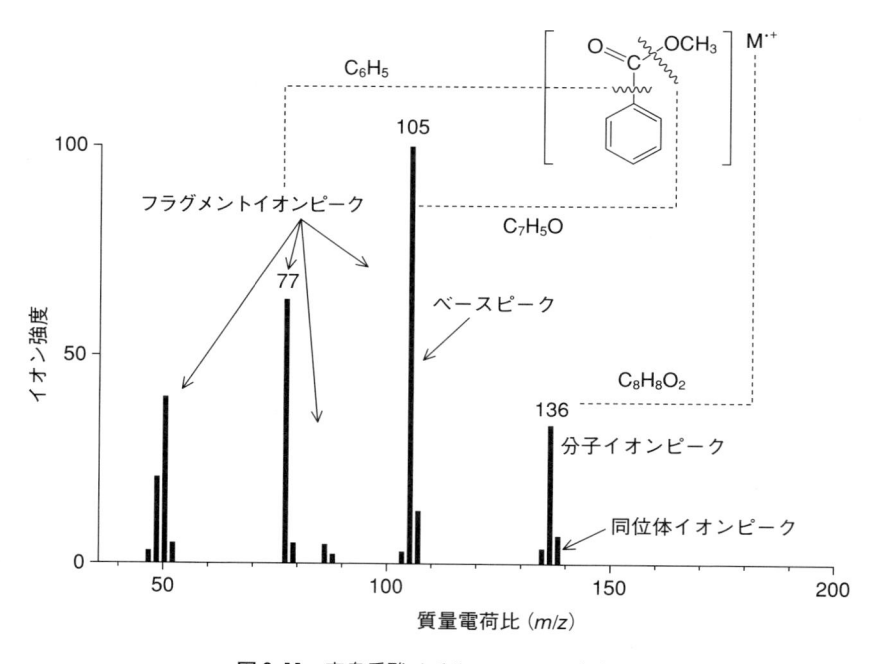

図3.11 安息香酸メチルのマススペクトル

ピーク）で示すのが一般的である．この化合物の分子量（整数質量）は組成式 $C_8H_8O_2$ より 136 であり，これが 1 価のイオンであるため質量電荷比は $136/1 = 136$ となる．これを $M^{·+}$ と表記し，分子イオンピークと呼ぶ．

電子イオン化では電子衝撃により分子を構成する原子間の結合が切断されることがある．これを開裂（フラグメンテーション）と呼び，この現象により分子の部分構造を検出することができる．安息香酸の場合，OH 基および COOH 基が開裂したイオンピーク（フラグメントイオンピーク）がそれぞれ観測されるため，これらより官能基を特定することができる．なお，各イオンピークは同位体イオンピークを伴う．

3.2.2 精密質量分析

整数質量に対して，小数点以下 4 桁まで測定し小数点以下第 3 位まで求める精密質量を用いる場合がある．これを高分解能質量分析（high resolution mass spectrometry：HRMS）と呼ぶ．高分解能質量分析の利点として第一にあげられるのが，精密質量測定による元素の組成決定である．低分解能測定で質量は整数で表されるが，高分解能測定では，^{12}C の精密質量数を基準にして与えられる小数点以下に端数をもった値を用いる．すなわち，$^{12}C = 12.00000$，$^{1}H = 1.00783$，$^{14}N = 14.00307$，$^{16}O = 15.99491$，$^{23}Na = 22.98977$ 等である．小数点以下第 3 位まで求められる分解能があれば，これらの精密質量の総和として与えられる分子の精密質量数の小数点以下の値を比較することにより，各元素の割合を知ることができる．

表 3.1 に p-ニトロアニリンのエレクトロスプレーイオン化質量分析（ESI-MS）による精密質量測定に基づく元素組成決定の例を示す．

ESI-MS によるこの例では，Na^+ が付加することにより生成するイオンを測定している．このイオンの精密質量測定値 $m/z = 161.0341$ より，炭素，水素，酸素，窒素およびナトリウムの 5 元素の組み合せで最もこの値に近いものは，p-ニトロアニリン Na 付加体 $C_6H_6N_2NaO_2$ であることがわかる．通

表 3.1 精密質量と元素組成

質量数 (計算値)	質量差 mmu	質量差 ppm	推定組成式
161.03270	1.40	8.72	$C_6H_6N_2NaO_2$
161.03242	1.68	10.45	C_4HN_8
161.03135	2.75	17.05	$C_4H_4N_5NaO$
161.03108	3.02	18.76	$C_3H_5N_4O_4$
161.03001	4.09	25.39	$C_2H_2N_8Na$
161.02974	4.36	27.10	$CH_3N_7O_3$

常,誤差が10 ppm,または低分子の場合3 mmu(ミリマスユニット)以内であればその組成を支持するといわれている.

3.3 生体への応用

近年,質量分析の生体分析への適用が活発となり,種々の生体高分子の構造解析に応用されるようになった.特に,ESIとMALDIの利用が顕著である.これは,これらのイオン化手法が他に比べソフトであり,通常揮発しない極性の高い高分子をイオン化することができるからである.ここでは,ESIとMALDIの生体分析への適用について説明する.各手法による生体分析例を示す前に,MSの生体分析への応用について最近の技術進歩を概観する.

3.3.1 さまざまな生体質量分析

生命工学の進歩に伴って研究分野の分類が複雑化している.タンパク工学一般を指すプロテオミクスや,メタボロミクスやゲノミクス等,新たな用語または造語が登場している.表3.2にこれらをまとめた.

一方,MSによる分析においても新技術が導入され,より高度な生体分析

3.3 生体への応用

表 3.2 生命工学関連用語

プロテオミクス	proteomics	プロテオーム（プロテイン＋ゲノム）の分離固定技術による研究．ゲノムにより発現するタンパク質すべてが対象．
メタボロミクス	metaboromics	メタボローム（全代謝産物）の網羅的解析研究
ゲノミクス	genomics	ゲノム解析の総合研究

が可能となりつつある．従来タンデム質量分析（MS/MS）等で用いられてきたガス衝突に基づく衝突活性化（CID）に加えて，赤外線や電子線を用いた IRMPD や ECD あるいは ETD が開発され，生体分子の系統的な開裂研究ができるようになった．これらの技術を示す主な略語について**表 3.3** にまとめた．

既に述べたように，質量分析装置はイオン源とイオン分離系の組み合せによって種々の分析に対応できる．生体分析においてはイオン化法として主に ESI と MALDI が用いられるが，これは両者がともにソフトイオン化であることと，特に ESI は LC（液体クロマトグラフ）等に接続して用いることにより，溶液試料のイオン化法が必要であることに起因する．分離・分析装置の組み合せは多種考えられる．分解能は FT-ICR MS が最も高く 1,000,000 を越える装置もあるが，四重極（Q）MS では 700 から 3000 程度である．磁場型（セクター）MS では 1000 から 30000 程度，また TOF MS でも 50000 近くの高い分解能を備える装置がある．CID 実験等を行う目的でこれらを組み

表 3.3 生体 MS 関連略語

CID	collision induced dissociation	衝突誘起解離（衝突活性化）
IRMPD	infrared multiphoton dissociation	赤外多（重）光子解離
ECD	electron capture dissociation	電子捕獲解離
ETD	electron transfer dissociation	電子経照射解離
PSD	post-source decay	内部エネルギー解離
SID	surface induced dissociation	表面衝突解離
MS^m	multiple tandem mass spectrometry	MS/MS を m 回繰り返す

合わせることが一般的に行われ，例えば，Q-Q-Q，Q-TOF，TOF-TOF，B-E-B-E（磁場-電場-磁場-電場）等が市販されている．

3.3.2 ペプチドの質量分析

次に，ESIやMALDI等のソフトイオン化においてCIDを活用したペプチドの分解，およびシークエンス解析について述べる．図 3.12 にヘキサペプチドのフラグメンテーションを示す．N末端よりカルボニル基の炭素を挟んでa_1，b_1の2か所，およびNHの第2アミノ酸側c_1の3か所がそれぞれのアミノ酸について開裂するのが一般的である．したがってヘキサペプチドでは3組存在する．一方，C末端からもフラグメンテーションが起こる．これはZ_1，Y_1，X_1の順にN末端と同様に定義される．このように各開裂部位は，NおよびC末端からの残基を伴い2つの質量を与える．例えば，図 3.12 のX_3/a_1開裂での質量は $X_3 > a_1$ となる．それぞれの開裂部位は X/a，Y/b，Z/c 開裂と呼ばれ，フラグメンテーションエネルギーが異なる．

コリジョン（衝突）ガスによる高エネルギーコリジョンでは，一般にこれ

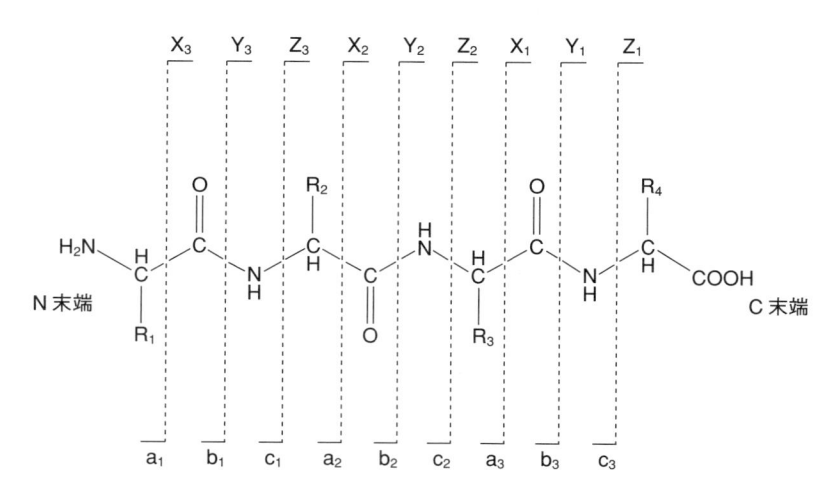

図 3.12　ペプチドの典型的なフラグメンテーション

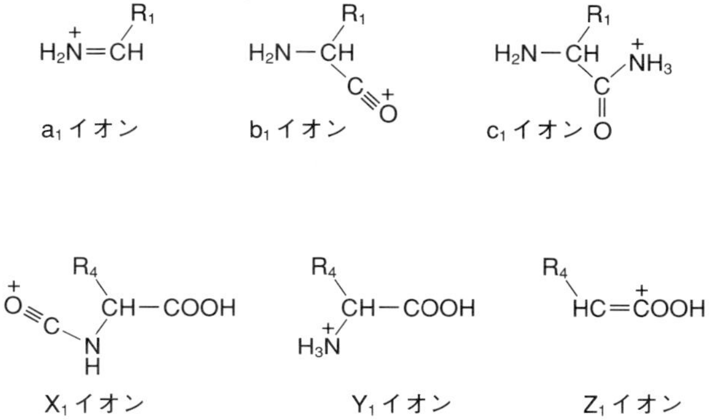

3.3 生体への応用

図 3.13 フラグメントイオンの構造

らすべての開裂が起こるとされているが，これに準じる高エネルギーコリジョンである ECD では Z/c 開裂が，また低エネルギーコリジョンである IRMPD では Y/b コリジョンが優先する．これらを用いて必要なフラグメンテーションのみを観測することが可能となり，構造解析に役立つ．

フラグメントイオンの構造を図 3.13 に示す．一般に a，b イオンでは脱プロトン化，また c イオンではプロトン化によって正イオンが生成する．また，X，Z イオンでは脱プロトン化，Y イオンではプロトン化によって正イオンが生成する．これらのフラグメンテーションは，オリゴペプチドであれば 1 枚のスペクトル上で規則的に観測することができる．

3.3.3 スプレーイオン化と MALDI による生体質量分析

ESI では水溶性タンパク質を直接高感度で分析することができるうえ，高速液体クロマトグラフィーとオンラインで連結 (LC–MS) して分離分析を行うこともできる等，利用価値は高い．また，1 価のイオンのみならず多価のイオンが観測される場合が多いため，比較的質量測定範囲が狭く高質量まで測定できない分析計でも測定を行うことができる．さらに最近飛躍的に性能

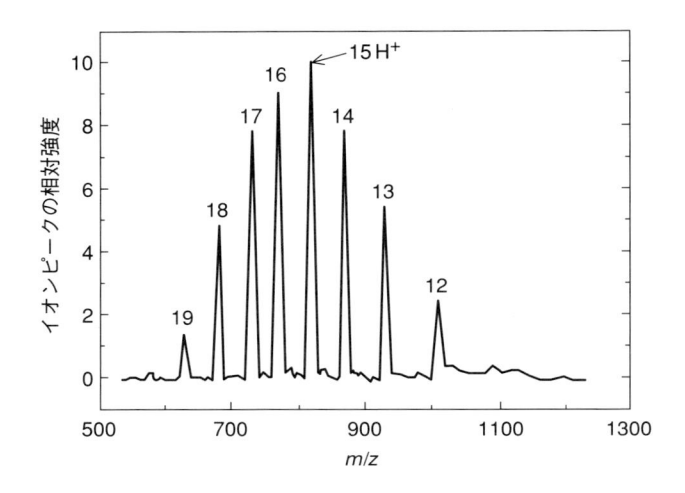

図3.14 シトクロム c の ESI-MS スペクトル
(J. B. Fenn et al. : Science, **246** (4926), 64 (1989) より)

の向上した UHPLC (ultra high performance liquid chromatography) が登場し，分析時間を大幅に短縮できるようになった．UHPLC と MS との接続は生体分子をはじめとする広範囲にわたる分析の効率化に寄与している．

　LC-MS の構成において，質量分析手法は四重極や飛行時間型，およびこれらを混合した高性能装置が実用化されている．イオン化法は溶液イオン化を行うことからスプレー方式が主流であり，ESI, APCI (大気圧化学イオン化) 等が主に用いられる．最近ではスプレーを冷却することにより不安定な分子の熱分解を防ぎ効率的にイオン化するコールドスプレーイオン化 (cold-spray or cryospray ionizaion : CSI) やソニックスプレーおよびレーザースプレー等のイオン化方式も登場し，試料に適合したイオン化法を選択できるようになった．

　スプレー法の原点である ESI はフェン (J. B. Fenn) らにより開発され，初めてタンパク質への応用としてシトクロム c のスペクトルが測定された (図3.14)．ここには 8 本の強いイオンピークが記録されているが，これらはす

べて同じシトクロム c の分子イオンを示している．図中のピークはそれぞれ 12 個から 19 個のプロトンが付加した分子イオンであり，これが増すごとに電荷が増大する．マススペクトルの横軸である質量電荷比 m/z は，文字通り質量を電荷で割ったもので最高質量の $12\,\mathrm{H^+}$ のイオンピークは目盛りの示す値の 12 倍の質量となる．例えばスペクトル中，質量電荷比 1000 に 12 価のイオンが記録されていると，$1000 \times 12 = 12000$，つまり，1 価のイオンに換算した質量は 12000 Da（ダルトン）となる．このように，図 3.14 からも読み取れるが，10000 Da を越えるタンパク質の質量分析が本手法により可能であることが示された．

現在では，多くのタンパク質の ESI-MS スペクトルが測定され，生化学分野の分析手法として欠くことのできない装置となっている．

MALDI は特殊なマトリクスを介してイオン化を行うため，イオン化効率が高い．そのため，比較的長時間にわたって目的イオンの生成を持続できるので，この間に衝突活性化等の実験を行って構造情報を精査することができる．特にペプチドの場合，アミノ酸組成を決定することができる．さらに，この手法は TOF による分析系を用いることにより質量の大きな生体高分子を高分解能で分析することも可能である．

ネオンの同位体を発見したのは誰か？

科学や自然界での発見は，明確な仕事であるかのように見えるかもしれない．しかし，これは必ずしも事実とはいえない．特に興味深い例がネオンの同位元素の発見の事例である．

トムソン（J. J. Thomson）がネオンの質量スペクトルで 2 本の線を発見したため，ある人は彼がこの発見に対して讃えられるべきだと主張する．面白いことに，トムソンは質量数 22 のより強度の低い高質量側の線が，ネオンの同位元素であるという考えを受け入れなかった．その代わりに，彼はその原

因として他のいくつかの可能性を提案した．放射性元素が同位元素をもっていることは証明されたが，彼は安定元素が単一元素でなければならないと思い込んでいたのである．彼が王立協会で，塩素のスペクトルで観察される2本の線に関する間違った議論を行った1921年3月に至るまで，彼は信念を貫いたままでいた．

一方，他の人はアストン（F. W. Aston）がネオンの発見に対して讃えられるべきだと主張する．アストンは，1919年にネオンのスペクトルで高質量側の線を観察したとき，それがネオン元素の同位元素であるべきだと結論づけた．彼は，安定元素が同位元素をもつことができるという考えを受け入れたのである．

トムソンはアストンより以前にネオンのスペクトルで質量数22の線を発見したが，アストンは正しくその線の源を結論づけた．そうであれば，誰がネオンの同位元素を発見したことになるのだろうか？

真の発見者を特定することは時として困難な場合がある．さて，あなたの判定は如何に．

（参考：M. A. Grayson『Measuring Mass −From Positive Rays to Proteins−』Chemical Heritage Foundation（2005））

演習問題

[1] MALDIに最適な質量分離・分析部は何か．また，その理由を述べよ．
[2] 質量分析で1価のイオンと2価のイオンを識別するにはどうしたらよいか．
　　（ヒント：マススペクトルの横軸は質量電荷比 m/z を表している．）
[3] 質量分析では同位体の存在比を考慮した平均原子量をもとに分析を行っていない．これはなぜか．
　　（ヒント：1分子について分析を行うことに着目せよ．）
[4] 揮発性の低い有機化合物をEIで測定することができないのはなぜか．
[5] ESIやMALDIが生体分子の分析に適している理由を述べよ．
[6] 電場-磁場の順でなく，磁場-電場の順に配列して質量分離を行う場合の利点は何か．

第4章　X線結晶解析

　X線解析が発展してきた歴史的背景について解説し，化学構造と結晶構造のX線による解析の本質を学ぶ．X線と単結晶の相互作用においてブラッグ則を中心とする回折理論および逆格子について解説し，X線解析にとって重要な結晶の対称性と逆格子との関係，さらに逆空間と実空間の変換について論じる．これらを通じて回折波から分子像を求める手法の概念について学ぶ．さらに結晶化学に関する一般事項について解説する．特にX線解析にとって重要な結晶の対称性や対称操作について考察する．最後にタンパク質の結晶解析についても触れる．

　人類が分子の形を知りたいと思うようになったのは，いまからおよそ150年くらい前のことであろう．ロシアの科学者ブートレロフ（A. M. Butlerov）は化学構造という言葉を初めて使い，分子内でそれぞれの原子の結びつきを記述することが可能であることを示した．今日では分子の立体構造を解析するための手法が開発され，ほとんどの分子構造を推定，または実際に観測することができるようになった．しかし，直接的に三次元構造を解明する手法は限られる．電子顕微鏡は数百万倍の倍率で分子像をとらえることができる．他の手法として，ここで取り上げる単結晶によるX線解析が知られている．
　ここで取り上げる「X線結晶解析」とは，良質の単結晶にX線を照射し，回折線の解析から結晶中の三次元電子密度を求める一般法を指す．X線を用いた化学分析には蛍光X線分光やX線吸収分光，回折を用いるものとし

て粉末X線回折法（1.2節参照）がある．

　X線解析は単結晶を対象とすることは既に述べた．有機化学においては比較的古くから再結晶により化合物を単離・生成する手法が用いられており，この操作により良質の単結晶を得られる場合が多い．ある特定の領域でエネルギーを最も小さくする原子・分子の配列は，均一系ではすべての領域に拡張することができる．これらの分子の規則的な配列はしばしば分子性結晶を与える．一般に，エネルギーを極小化する分子の配列は溶液中で毎秒10^{13}回の衝突に基づく試行錯誤より生じると考えられる．

　これらの結晶における原子配列の規則性・周期性を利用することにより，これらと光との干渉性相互作用である回折現象を観測することができる．

4.1　X線結晶解析法の原理

　「X線結晶解析」というと，一般に有機化合物の単結晶を対象として，このX線回折から結晶内の電子密度を求める手法を指す．これに対して，「X線回折」という語は広くX線による回折現象を利用した解析法を指すが，これには粉末X線回折も含まれる．現在ではこの手法による三次元構造解析法も開発されているが，通常は分子の同定や多形などの性質を知る手段として用いられる．ここでは分子の立体構造解析を扱うが，一定の大きさの良質な単結晶が必要となる．単結晶中で分子は規則正しく配列し，これが後に述べるブラッグ反射の要因となり，X線の規則的散乱を助長している．

　X線は粒子の性質も合わせもつ可視光線と同じ電磁波として理解されている．X線の波長は0.01〜100 Å（0.001〜10 nm）であり，光に酷似した性質と同時に，波長が可視光に比べ極端に短いことから光と異なる性質も有する．また，X線は写真作用や蛍光作用，イオン化作用も合わせもち，屈折率が限りなく1に等しいため光のように集光することができない．透過力が大きく，いわゆるレントゲン撮影や工業材料試験に用いられるなど，極めて

4.1 X線結晶解析法の原理

有用な諸性質を備えている．1859 年，プリュッカー（J. Plukar）は低圧気体中の放電による蛍光現象の原因が放射線であることを示した．さらに，1885 年，ガイスラー（H. Geissler）の真空ポンプにより高真空が実現されるようになるとこれらの研究が加速され，1895 年，レントゲンによる X 線の発見，そして 1897 年，トムソンによる電子の発見へと発展した．X 線は発見当初その本質がまったく未知であったため X-ray と命名されたことはあまりにも有名である．この未知の放射線の本質究明こそ，X 線結晶解析への道を切り拓く原動力となった．

単結晶による X 線の回折は化学の発展に大きく貢献した．すなわち，分子の立体構造を明確にとらえることが可能となり，これにより反応性を含む諸性質が明らかとなった．ここでは本手法の原理について述べる．

4.1.1 X 線の本質

X 線の性質は発見直後よりレントゲンにより精力的に研究されたが，波動としての性質を理解するためには多くの歳月を要した．X 線による空気の電離現象は X 線粒子説を支持する一方，X 線が 1/50 mm 程度のスリットを通過するときに観測される乾板上のわずかなくもりが回折現象によるものだと仮定すれば，波動説を裏付けているとも理解できる．さらに，X 線が波動だとすると，その波長はスリット幅から推測して可視光の千分の一程度であることが示唆された．

これを実験的に証明するためには，光に用いるスリットの千分の一の大きさの回折格子が必要となる．これを人工的につくり出すことは不可能だが，天然の回折格子である結晶を用いれば実現できる．これに最初に気づいたのはラウエであった．1912 年，ラウエらは最初の X 線写真（ラウエ写真）の撮影に成功した．このように X 線はその発見当時から結晶と深く結びついていた．

現在では，X 線は粒子の性質も合わせもつ可視光線と同じ電磁波として理

(a) 制動放射による連続 X 線

(b) 標的原子との衝突による特性 X 線

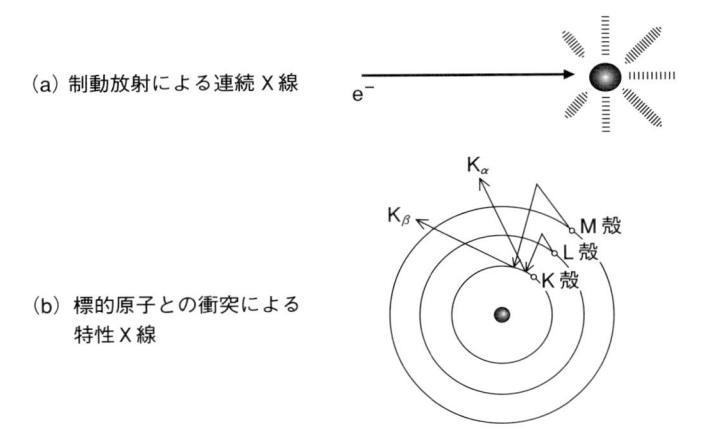

図 4.1　連続 X 線 (a) と特性 X 線 (b)

解されている．既に述べたように，X 線の波長は $0.01 \sim 100$ Å ($0.001 \sim 10$ nm) であり，光に酷似した性質と同時に，波長が可視光に比べ極端に短いことから光と異なる性質も同時にもっている．

X 線のスペクトルは連続した分布を示す連続 X 線 (白色 X 線) 図 4.1 (a) と，スパイク状のスペクトルを示す特性 X 線 (固有 X 線) 図 4.1 (b) とからなっている．連続 X 線は，電子が標的原子に衝突して電子のもつ運動エネルギーの一部が X 線光量子に変わることにより生じる．これを制動放射と呼んでいる．一方，特性 X 線の発生は，電子が標的原子との衝突により特定の殻の電子をたたき出すことに起因している．K 殻の電子がたたき出されると，この空席に原子内の他の電子が落ち込んでくる．このとき落ち込んだ電子はエネルギーを失い，K 系列特性 X 線という 1 量子の X 線が発生する．図 4.2 に典型的な X 線スペクトルを示す．L 殻から K 殻への電子の落ち込みにより生じる特性 X 線を K_α 線と呼び，M 殻から K 殻への落ち込みによるものを K_β 線と呼ぶ．

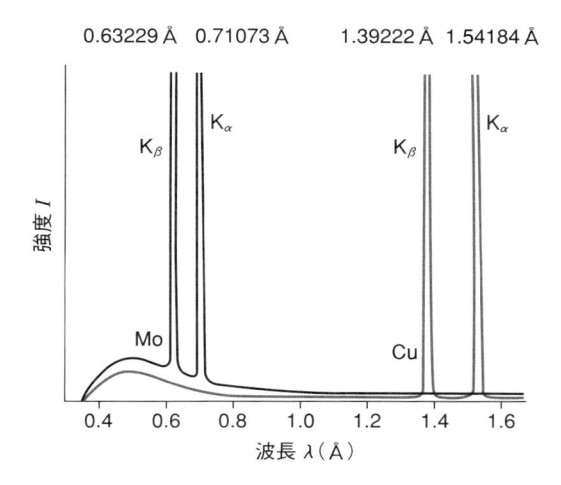

図 4.2　Cu と Mo の特性 X 線スペクトル

4.1.2　X 線と物質の相互作用

X 線回折を学ぶうえで必要となる概念として逆格子というものがある．この説明を行う前に結晶性物質と X 線との相互作用について触れておくことにする．物質と X 線との相互作用は大きく分けて 3 種ある．すなわち，透過，吸収，そして散乱である．透過は相互作用を示さないが，吸収では興味ある物理現象が観測される．光電吸収により励起された原子は元素固有波長の X 線を放出する．この性質を利用して元素の分析を行うこともできる．一方，3 番目の相互作用である散乱，特に干渉性散乱がここでの主題である．

結晶は固体の多くの部分を占めるといわれている．単結晶 X 線解析に用いるのはもちろん単結晶だが，この他にも多結晶や微結晶，さらには非結晶としてしばしば間違って分類される粉末，そして繊維等も X 線回折の対象となる．

適当な大きさの単結晶に X 線を照射し，散乱を X 線フィルムに記録することができる (図 4.3)．このとき，フィルムに写るパターンは結晶を構成している原子・分子の三次元構造を反映している．つまり，回折実験より得ら

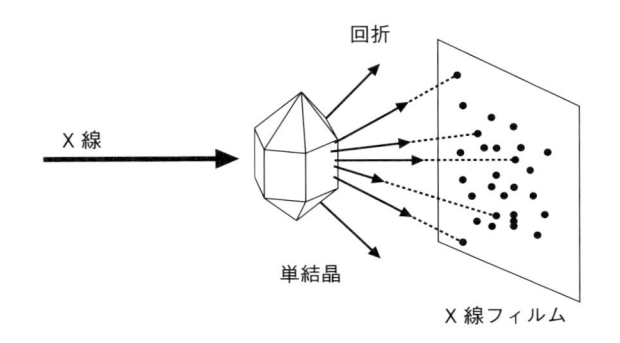

図 4.3　単結晶からの X 線の回折

れる回折波の方位と強度から結晶の構造を解析するのが X 線解析であるといえる．

　単結晶による X 線の回折は，単結晶を構成する分子やその連続体による回折現象だが，回折は原子核ではなくそのまわりの電子により起こるため，実際には X 線解析では結晶中の電子密度を求めている．これより電子雲を観測し，さらに原子の位置を特定することができる．

　そして，それぞれの原子位置より分子の構造を求め，最終的には結晶構造を求めることができる．

　X 線解析による像の拡大を光学レンズによる拡大と比較して説明してみよう（図 4.4）．顕微鏡で像を拡大する際，倍率の限界を決めているのは分解能である．可視光の回折現象によって分解能は波長 λ の 1/3 程度となってしまう．すなわち 1100 Å 程度である．X 線解析では波長が 1 Å 程度なので，分解能もたいへん高く 0.1 Å 以下となる（1 Å = 0.1 nm = 100 pm）．この値はちょうど原子間の共有結合が識別できる領域にある．光学レンズに当たる部分は X 線解析では主にコンピュータだと考えられる．単結晶により散乱した X 線の方位と強度，それに求めることのできない位相情報とともにフーリエ変換することにより拡大像を得ることができる．フーリエ変換の際，必要となる回折波の位相を求めることこそが結晶構造を「解く」こと

4.1 X線結晶解析法の原理

分解能 $= \dfrac{\lambda}{3}$

$\lambda = 3300\,\text{Å}$（可視光）

$\therefore \dfrac{3300}{3} = 1100\,\text{Å}$

光学レンズ

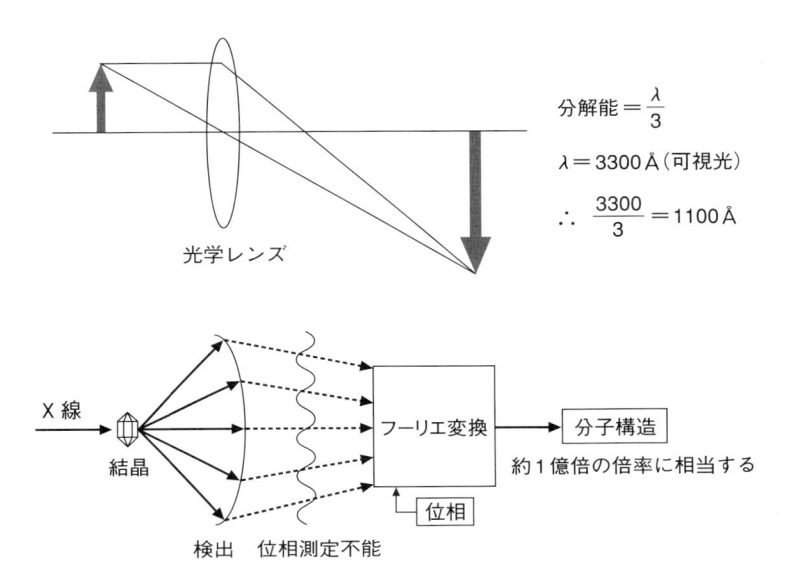

X線　結晶　検出　位相測定不能　フーリエ変換　位相　分子構造　約1億倍の倍率に相当する

図 4.4　光学レンズによる物体の拡大（上）とX線結晶解析（下）の比較

なのである．

4.1.3　回折と構造解析

適当な大きさの単結晶にX線を照射し，散乱を二次元X線検出器に記録することができる（**図 4.5**）．このとき，検出器に写るパターンは結晶を構成している原子・分子の三次元構造を反映している．つまり，回折実験より得られる回折波の方位と強度から結晶の構造を解析するのがX線解析である．

単結晶によるX線の回折は，単結晶を構成する分子やその連続体による回折現象であるが，回折は原子核のまわりの電子により起こるため，X線解析では結晶中の電子密度を求めていることは前述の通りである．

現在，広範囲に用いられるようになったX線結晶解析法は，ブラッグの条件の発見にその起源を求めることができる．結晶によるX線の回折現象は 1912 年，ラウエにより発見され，さらに彼は，これを三次元回折格子による

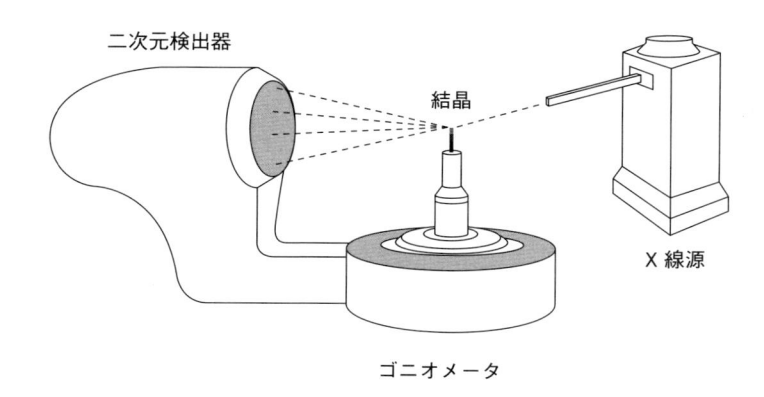

図 4.5 X 線回折

現象として取り扱えることを示した．W. L. ブラッグ (W. L. Bragg) は，この現象が結晶の格子面による光の反射と同等に扱うことが可能であることに気づき，X 線の波長と格子面間の距離の比が入射角から単純な式で計算できることを証明した．彼は父 W. H. ブラッグとともに，この原理をもとに塩化ナトリウム (NaCl) の構造解析を行い，さらに単位格子の質量と密度から求めた格子定数より，用いた X 線の波長を決定した．これが X 線結晶解析の第一歩であり，以後さまざまな改良が加えられ，今日の洗練された解析手法へと発展した．

W. L. ブラッグは X 線回折を光の反射と同様に取り扱うべきだと考え，「結晶の中の鏡」の存在を仮定した．この鏡は結晶格子によって構成される格子面のことであり，これによって X 線は可視光と同様に入射角 θ に等しい反射角を維持して反射されると考えられる．

ここで 2 つの平行な格子面 (面間隔 d) による波長 λ の X 線の反射について説明する (図 4.6)．X 線 (X_1, X_2) が平行な 2 面 (P_1, P_2) に入射し，このときそれぞれの格子面となす角を θ，交点を O，C とする．図 4.6 からわかるように X_1, X_2 は波動の進行につれて行路差を生じている．すなわち，O より X_2 におろした垂線との交点を A，B とすると，X_2 は X_1 に比べ AC +

4.1 X線結晶解析法の原理

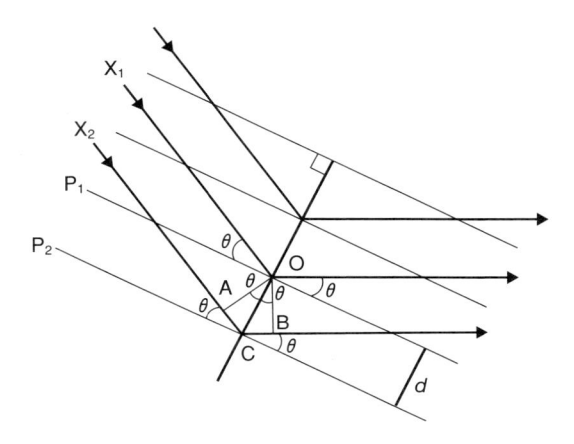

$2d \sin \theta = n\lambda$　ブラッグ反射条件

図 4.6　ブラッグ反射

BC (= 2 AC) の行路が増加している．一方，∠AOC = ∠BOC = θ となるため，行路差は $2d \sin \theta$ である．

X_1，X_2 は同位相のときお互いに強め合うため，行路差が λ の整数倍であれば反射波が観測される．すなわち，

$$2 \, \mathrm{AC} = n\lambda \tag{1}$$

$$2d \sin \theta = n\lambda \tag{2}$$

行路差 2 AC は $2d \sin \theta$ と等しいことより，これを式 (1) に代入して式 (2) が導かれる．これがブラッグの条件であり，θ はブラッグ角と呼ばれる．

回折斑点の分布および強度は結晶固有のものであり，これは結晶を構成する分子の配列により決定されている．三次元で詳しく解析することにより，結晶中の電子密度を求めることが可能であり，これに基づき分子の立体構造を精密に解明する手法を単結晶 X 線解析と呼んでいる．

4.1.4 逆格子と逆空間

　結晶格子とは，原子・分子の規則的配列を表す概念的な格子点またはグリッドの交点として定義される点をつないで構築される．この中で最小のものを単位格子または単位胞と呼ぶ．単位格子はこのように結晶中の原子・分子の配列に対して任意の基準点を決めて自由に設定できる概念的なものである（逆格子では軸に * を付けて表す）．前述のブラッグ条件を示す式 (1) は，反射角に対する格子面間隔の逆数として表すことができる（式 (3)）．式 (2) より

$$\sin\theta = \frac{n\lambda}{2} \cdot \frac{1}{d} \qquad (3)$$

このためフィルムや検出器に写る回折 X 線の斑点は逆格子点と呼ばれ，これらの集合は実際の結晶格子（実格子）に対して逆格子（reciprocal lattice）を形成する．式 (2) の $\sin\theta$ は入射 X 線の傾きを表す尺度であり，ある一定の入射 X 線に対して回折次数 n が高いほど格子面間隔は大きくなることを示している．すなわち，d の大きな構造では圧縮された回折像を与え，小さな d では逆に拡大された像が得られることになる．つまり，逆格子における距離は実格子の距離の逆数であり，また方位は実格子の法線方向であると定義される．

　逆格子が定義される空間を逆空間（reciprocal space）と呼び，逆空間における長さや角度は実空間の記号に * を付けて区別する．方位を表すミラー指数は格子面や結晶面を表すときはカッコに入れて記すのに対して，結晶に入射した X 線が回折像として記録されるのは逆空間である．結晶解析に用いるデータはすべて逆格子をもとにしており，単に h, k, l と記す．

　実格子と逆格子を直接結びつけることのできる完全な対応を求めることには無理がある．ブラッグ則によれば，逆格子は実格子の織りなす格子面で定義されるものであり，実格子とは異なる概念である．そして，この逆格子点には反射強度の情報も含まれていると考えられる．しかし，この数学的概念

4.1 X線結晶解析法の原理

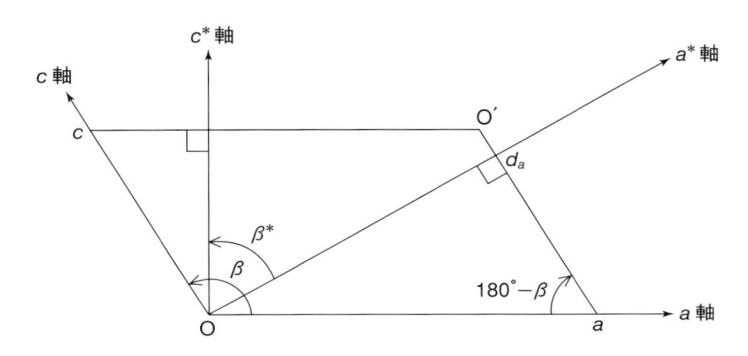

図4.7 単斜晶系単位格子の ac 面

は物理学的にも大きな意味をもち，回折理論を理解するうえで重要である．

図4.7に，逆格子と実格子の関係を幾何学的に示す．3軸が直交する直方（斜方）格子では，各実格子軸 a, b, c は逆格子軸 a^*, b^*, c^* と一致する．また，距離は実格子の逆数となるため，逆格子点 $a^* = 1/a$, $b^* = 1/b$, $c^* = 1/c$ となる．すなわち，直方晶系の場合の関係は次のようになる．

$$\alpha^* = \beta^* = \gamma^* = \alpha = \beta = \gamma = 90°$$

$$b^* = \frac{1}{b}, \quad c^* = \frac{1}{c}, \quad V^* = \frac{1}{V} = a^* b^* c^*$$

a 軸と c 軸が直交しない単斜晶系の格子では a^*, b^* 軸のとり方に注意しなければならない．すなわち，この格子では，b 軸と a 軸，b 軸と c 軸はともに直交しているので逆格子軸 a^*, c^* は ac 面内にある．図4.7において示す単位格子の ac 面において，a^* 軸は aO' の法線で示される．逆格子軸 a^* と aO' の交点を d_a とすると d_a は原点 O から Od_a の距離にある．したがって，

$$Od_a = a\sin(180° - \beta) = a\sin\beta \tag{4}$$

逆格子定数 a^* は $1/Od_a$（実格子点間の距離の逆数）となるため

$$a^* = \frac{1}{a\sin\beta} \tag{5}$$

c^* も同様に次式で与えられる.

$$c^* = \frac{1}{c\sin\beta} \tag{6}$$

一方,b^* は b 軸と一致するため

$$b^* = \frac{1}{b} \tag{7}$$

単斜晶系の格子と逆格子の関係は以下のようになる.

$$\alpha^* = \gamma^* = \alpha = \gamma = 90°$$

$$a^* = \frac{1}{a\sin\beta}, \ b^* = \frac{1}{b}, \ c^* = \frac{1}{c\sin\beta}, \ V^* = \frac{1}{V} = a^*b^*c^*\sin\beta^*$$

一般的な対称性をもつ逆空間での立体格子を直観的に理解することは多くの場合困難であるが,このような数学的取り扱いにより実格子との対応を把握できる.

　X線解析で求めようとするものは実空間における結晶構造である.これは結晶中の電子密度分布を求めることに帰着されることは既に述べた.しかし,観測データはあくまでも逆空間での回折図形,すなわち回折波の織りなす斑点の集合であり,これは逆格子点の方位とX線の反射強度の情報を含んでいる.逆空間の回折図形と実空間での電子密度の物理的関係を考えてみよう.逆格子を形成する回折波は見かけ上それぞれの格子面からの反射としてとらえられる.格子面は三次元に展開されるため,その回折波は全方位にわたって分布する.それぞれの回折線は逆格子点に対応する各指数に強度情報とともに1反射ずつ存在するが,これらは実空間における各原子からの反射の総和が干渉により各次数の回折波に整理されていると考えられる.つまり,逆空間における1反射は実空間での電子密度分布を反映したすべての反射が合成されたものである.したがって,逆空間での各次数の反射はこれら

の方位と強度の情報を保持しながら相互に関連し，全体として実空間における電子密度分布を格納している．実空間の電子密度を求めることは，すべての回折波の成分をもれなく求めることに帰着し，これはフーリエ合成に相当する．結果として，X線解析における実空間と逆空間はフーリエ級数によって結びつけられているといえる．ただし，この数学的変換を行う際必要な位相を実験より求めることはできない．このためこれを決定することがすなわち構造解析である．

4.1.5 位相問題

入射したX線は単結晶により回折して後部に置かれたX線フィルム等の検出器に記録される．この斑点は逆空間上での方位，すなわちh, k, lで特定されるそれぞれの位置でのX線強度情報をもっている．この図4.8に示す逆格子上のindex，例えば$h, k, l = 2, -1, 0$の強度は1000 cps (counts per second) というように記録される．ここでの観測量，方位と強度$I(h\,k\,l)$は構造因子と呼ばれる量$F(h\,k\,l)$の絶対値の二乗に相当する積分強度に他ならない．構造因子Fにはこの回折波の位相が含まれているが，実際観測されるIには反映されない．

構造因子Fがわかれば，これを用いたフーリエ変換により直ちに実空間での電子密度を計算することができる．この方程式を構造解析方程式と呼ぶ．図4.8に示すように，観測される充分な強度をもった回折波はそれぞれの電子からの干渉性散乱の総和として与えられるものであり，これの合成波を構築する各成分波を求めることができれば対応する微小領域での電子密度が求まる．ただし，この変換の際必要な位相情報は観測できない．

構造因子Fは実際には位相を含む虚数項を考慮しなければならない．これは位相を検出することに相当し，干渉に大きく影響を与える一方でこれを物理的に測定する手法は現在まで確立されていない．つまり，構造因子Fに必要な回折波の波動の遅れ進みで表される位相を実際には検出できないこと

逆空間　　　　　　　　　　実空間

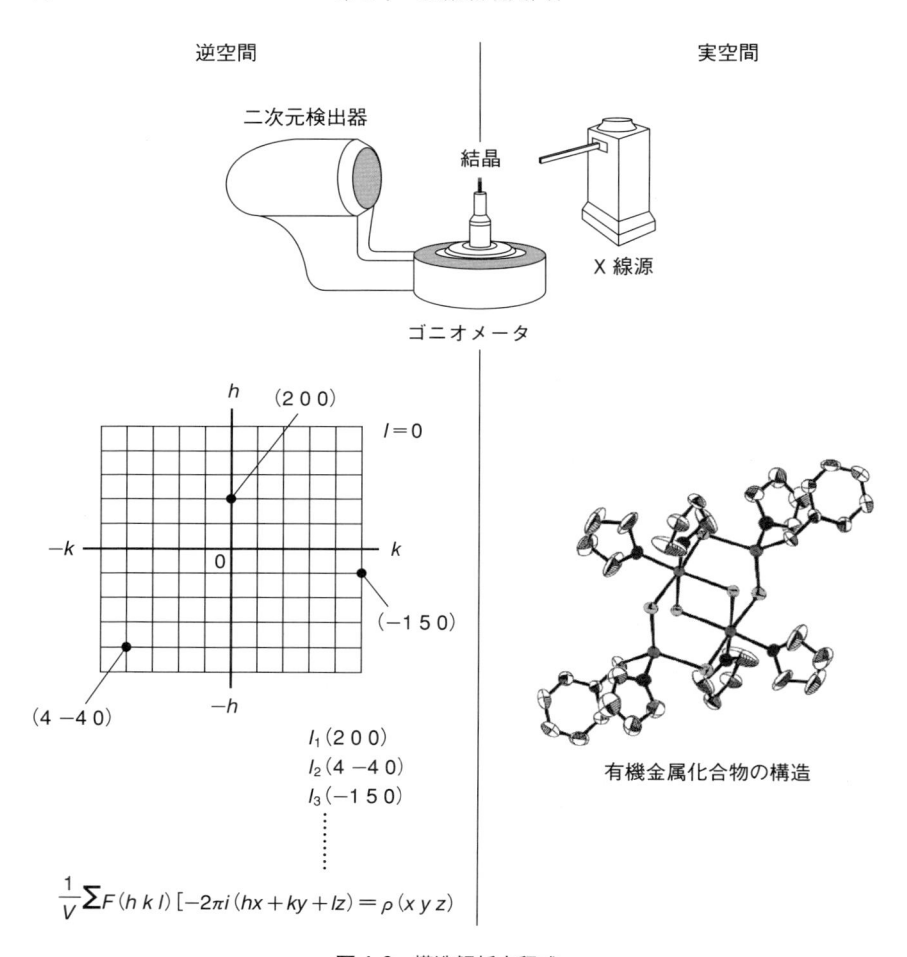

二次元検出器　　結晶

X線源

ゴニオメータ

h (2 0 0)
$l=0$
$-k$　　　0　　　k
(−1 5 0)
$-h$
(4 −4 0)

I_1 (2 0 0)
I_2 (4 −4 0)
I_3 (−1 5 0)
⋮

$$\frac{1}{V}\sum F(h\,k\,l)\,[-2\pi i(hx+ky+lz)] = \rho(x\,y\,z)$$

有機金属化合物の構造

図 4.8 構造解析方程式

になる．そのため，特に強い反射を観測できる重原子をもとに位相を決定する手法や，直接法と呼ばれる手法が近年用いられている．しかし求めた構造は，観測値に完全に基づいてはおらず，したがって，あくまでも推定構造であるため，観測値と実測値の一致度を常に比較し，R因子を用いて解析精度を評価しなければならない．

観測できない位相情報を補う手法として，重原子法と直接法が知られている．1935年，パターソン（A. L. Patterson）は振幅の二乗を係数に用いたフーリエ級数から結晶構造の直接的な情報が得られることを見出した．これによれば位相問題がまったく起こらず，パターソン合成ピークは原子間ベクトルを示すものであった．しかし，原子数の増大に伴ってピーク数も増加するため，複雑な構造の解析に用いることは困難であった．ただし，少数の重原子が存在すればこれらの位置を比較的容易に決定することができる．この重原子を手がかりに結晶構造を解析する手法が重原子法であり，次に説明する直接法が登場するまで大きな役割を果たした．

現在，低分子結晶解析に最も頻繁に用いられているのは直接法である．重原子を含まない結晶構造を何の仮定も使わずに完全に数学的な方法のみで解析するこの直接法を提案したのは，ハーカー（D. Harker）とカスパー（J. S. Kasper）であった（1948年）．彼らはランダムに選んだ位相のセットを用いてフーリエ合成を行い，この結果得られる電子密度と比較しながら位相の組み合せを求めていく手法を発展させていったのである．現在ではこれをもとに発展した種々の直接法位相決定プログラムが利用可能であり，多くの結晶解析ソフトウエアに組み込まれている．

4.2 結 晶 学

ここではまず結晶学に関する一般事項について解説する．特にX線解析にとって重要な結晶の対称性や対称操作について考察し，実際のX線回折装置を見ながら構造解析の流れを理解する．単結晶の選び方やマウント，センタリングから測定パラメータの設定に続き回折実験を観察し，さらにデータ処理および解析手順を説明する．実際の低分子有機結晶を例に解析過程を理解することが大切である．

表 4.1　結晶の対称性

対称性	種類
晶系 (結晶の大分類)	7
ブラベ格子 (格子の形)	14
ラウエ群 (逆格子の対称性)	11
点群 (対称要素)	32

4.2.1　結晶の対称性

実際の回折実験に入る前に，結晶の性質について基本となる事項について概略を説明する．結晶の対称性は次の4種に大別される (**表 4.1**)．晶系は，結晶の大分類で格子定数の関係をもとに区別される．ブラベ格子は格子点を結んでつくる基本的な格子の形を分類している．ラウエ群は逆格子の対称性を示すもので逆空間での対称性を決定する．点群は対称中心，反転，回転等の基本的な対称要素により分類される．14種類のブラベ格子と32種類の点群による対称要素，らせん対称および映進面対称を考慮した可能な組み合せの数は230種類あり，これを空間群と呼んでいる．そして，この空間群はX線回折実験によってはじめて明らかとなる．

4.2.2　晶系と格子定数

晶系について説明する前に，それぞれの格子定数の定義について簡単に触れておく．**図 4.9** に示す通り，単位格子の3軸の長さを a, b, c で表し，b 軸と c 軸のなす角を α, a 軸と c 軸のなす角を β, a 軸と b 軸のなす角を γ と定義する．

表 4.2 に示すように，晶系は格子定数の関係に基づき分類される．例えば，最も対称性の低い三斜晶系は3軸が互いに等しくならず，さらに3つの角が $90°$ にならない．単斜晶系は α, γ が $90°$ となる．斜方晶系 (直方晶系) は3つの角がすべて $90°$ となり，さらに2軸が等しいときは正方晶系，3軸が等しいときは立方晶系と分類される．

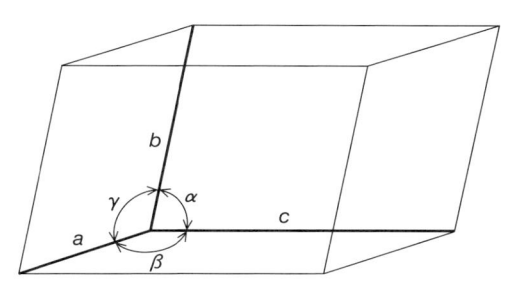

図 4.9 格子定数の定義

表 4.2 晶系の分類

晶系	格子定数の間の関係
三斜晶系 triclinic system	$a \neq b \neq c,\ \alpha \neq \beta \neq \gamma \neq 90°$
単斜晶系 monoclinic system	$a \neq b \neq c,\ \alpha = \gamma = 90° \neq \beta$
三方晶系 trigonal system	$a = b \neq c,\ \alpha = \beta = 90°,\ \gamma = 120°$
（菱面体晶系 rhombohedral system）	$a = b \neq c,\ \alpha = \beta = \gamma = 90°$
六方晶系 hexagonal system	$a = b \neq c,\ \alpha = \beta = 90°,\ \gamma = 120°$
斜方晶系（直方晶系）orthorhombic system	$a \neq b \neq c,\ \alpha = \beta = \gamma = 90°$
正方晶系 tetragonal system	$a = b \neq c,\ \alpha = \beta = \gamma = 90°$
立方晶系 cubic system	$a = b = c,\ \alpha = \beta = \gamma = 90°$

4.2.3 ブラベ格子，ラウエ群，点群および対称操作

単位格子は 14 種類に分類することができ，これにより多数の結晶構造が整理される．ブラベ格子は**表 4.3** に示すように，単純格子，体心格子，面心格子，底心格子と 7 種類の結晶系を組み合わせたものである．

X 線回折によって逆空間に展開される逆格子の対称性は，結晶点群の中の反転中心をもつものだけに対応している．これは，並進操作が位相を変化させるのみで反射強度に影響を与えないからである．**表 4.4** に 11 種類のラウエ群と，これらに対応する 32 種類の点群を示す．なお，点群（point group）とは，結晶を理想的な固体像を規定する面と考え，これらを関係づける対称操作群として分類したものを指す．それぞれの点群は結晶学的な対称操作の可能な特異的な組合せの 1 つを表している．また対称要素にある 2，m 等

表 4.3 ブラベ格子

格子\結晶系	単純 (P)	体心 (I)	面心 (F)	底心 (C)
三斜	○			
単斜	○			○
三方	○	菱面体 (R)		
六方	○			
斜方 (直方)	○	○	○	○
正方	○	○		
立方	○	○	○	

表 4.4 ラウエ群と点群

晶系	ラウエ群	点群
三斜晶系 triclinic	$\bar{1}$	1, $\bar{1}$
単斜晶系 monoclinic	$2/m$	2, m, $2/m$
斜方晶系 orthorhombic	mmm	222, $mm2$, mmm
正方晶系 tetragonal	$4/m$	4, 4–, $4/m$
	$4/mmm$	422, $4mm$, 4-2m, $4/mmm$
三方晶系 trigonal	3–	3, 3–
菱面体晶系 rhombohedral	3-m	32, $3m$, 3-m
六方晶系 hexagonal	$6/m$	6, 6–, $6/m$
	$6/mmm$	622, $6mm$, 6-m2-, $6/mmm$
立方晶系 cubic	$m3$	32, $m3$
	$m3m$	432, 4-3m, $m3m$

の記号は2回軸,鏡面を示している (表 4.4).

表 4.5 に対称操作 (要素) の一覧を示す.これらには記号が付され互いに区別することができる.さらに図を描いたときこの中で対称要素を示すための記号も考案されている.

4.2.4 回折実験

回折 X 線の強度を測定する装置を回折計 (diffractmeter) と呼び,またそ

表 4.5 対称操作

対称操作	対称要素	記号	図中での記号
鏡映	鏡映面	m	─────
反転	対称心	$\bar{1}$	○
回転	2回軸	2	
	3回軸	3	▲
	4回軸	4	◆
	6回軸	6	⬢
回反	3回回反軸	$\bar{3}$	
	4回回反軸	$\bar{4}$	
	6回回反軸	$\bar{6}$	
映進	映進面（すべり面）	3_1	─ ─ ─
らせん	2回らせん軸	2_1	
	3回らせん軸	3_1 3_2	
	4回らせん軸	4_1 4_2 4_3	
	6回らせん軸	6_1 6_2 6_3	
		6_4 6_5	

れらの検出器 (detector) にもさまざまな種類が知られている．すなわち，回折計には4軸回折計やワイセンベルグカメラやプレセッションカメラ等の写真法によるもの，検出器ではポイントディテクターやX線フィルムそしてイメージング・プレート (IP) や半導体検出器等がある．

　初期においてはフィルムを用いた回折計が主流であり，特にラウエ法は最

も単純な測定法として多数の研究者に用いられた．現在でもしばしば用いられる回転・振動写真は結晶のおおまかな観察に欠くことができない．さらにワイセンベルグ写真やプレセッション写真は単結晶回折手法の主流として定着したが，後に，タンパク質解析等に用いるのみで，低分子結晶では計数管による自動回折計がもっぱら利用されるようになった．現在では二次元検出器が主流である．

二次元フィルムに回折X線を記録する写真法に対し，計数管によりそれぞれの回折線を1つずつ測定する自動回折計は，測定精度こそ勝っているが，測定に長時間を要する等の欠点を有している．1966年，初めて市販された自動回折計はユーレリアン・クレイドル型（ゆりかご型）のデジタル制御式4軸ゴニオメータである．後に普及するようになった装置は基本的にはこれと同等だが，クレイドル型とともにカッパ（κ）型ゴニオメータも市販されている．さらに近年デジタル技術の進歩によりIP (imaging plate) やCCD (charge coupled device；電荷結合素子) を用いた回折計も普及している．図4.10～4.12にこれらの回折計を示す．

次に，4軸回折計を用いた反射強度の測定手順について説明する．はじめに単位格子を決定し，各格子定数を計測していく．これを軸立てと呼ぶ．回折実験より求める値は回折X線の方位 ($h\,k\,l$) とその積分強度 I である．これらを計測するため，逆空間を8分割し，対称性により重なる部分を把握する必要がある．測定しなければならない非対称領域は晶系により特定される．すなわち，対称性の高い斜方晶系では1/8，単斜晶系では1/4，そして三斜晶計では1/2となる（図4.13）．測定領域を決定した後，回折計の測定パラメータをセットし，結晶の劣化等を補正するための標準反射を定期的に測定するようプログラムする．

4軸回折計の検出器である計数管（ポイント・ディテクター）は回折像を与える反射球表面のすべての位置に移動することができないため，結晶を自転させて，計測する反射を赤道上に集める必要がある．このため結晶の自転軸

4.2 結晶学　　　　　　　　　　　　　　　　77

図 4.10　4 軸回折計

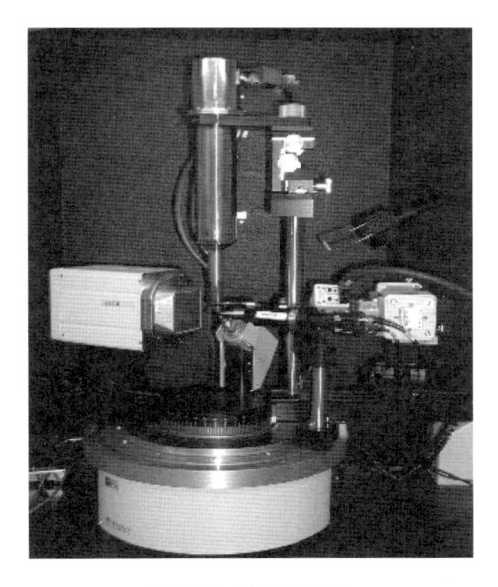

図 4.11　CCD 回折計

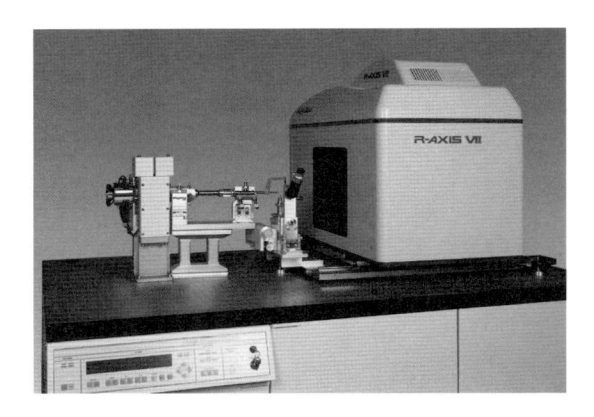

図4.12　イメージングプレート回折計
(株式会社リガクより)

	三斜晶系	単斜晶系	斜方晶系
h	+/−	+/−	+
k	+/−	+	+
l	+	+	+
	$\left(\dfrac{1}{2}\right)$	$\left(\dfrac{1}{4}\right)$	$\left(\dfrac{1}{8}\right)$

図4.13　反射強度測定範囲

として ϕ, χ, ω の3軸,および反射球の赤道上,計数管を結晶回転の角速度の2倍を保って走査する軸 2θ の合計4軸を備えている(図4.14).

各軸はインターフェイスを介してコンピュータに接続されており,デジタイザからの測角値をもとにステップモーターによって測角値を正確に制御している.

4.2 結晶学

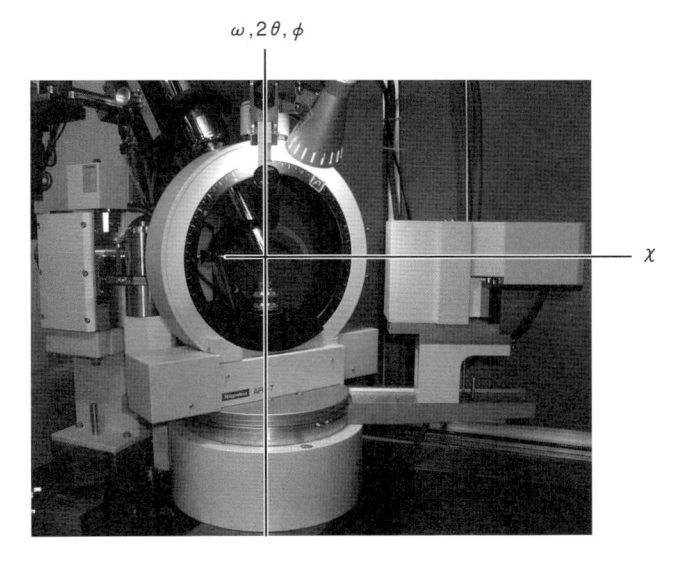

図4.14 4軸回折計の4つの回転軸

単位格子の決定は，かつてはワイセンベルグ写真等をもとに行う場合が少なくなかったが，現在普及している装置では4軸回折計自身で行うことができるようになった．

最近の自動解析計を用いるとほぼ全自動で測定が実行できる．カウンターを用いた4軸回折計やIPやCCDによる二次元検出器装備の回折計等，自動回折計も多岐にわたっている．一般に回折実験に用いる単結晶は $0.25 \times 0.25 \times 0.25$ mm 程度のプリズム晶がよいとされている．結晶は安定な場合，細いガラス棒の先端に接着し，ゴニオメータヘッドに装着して用いる．

4軸回折計を用いる場合，はじめにランダムな逆格子点の探査を行い，検出した20反射あまりを用いて単位格子を決定し，これに基づいて非対称単位の反射をすべて測定する．IPおよびCCD回折計では測定時間を大幅に短縮することができる．特に，CCD回折計では迅速性に加えて高い測定精度による回折実験が実現される．

4.2.5 構造解析

図 4.15 に一般的な解析手順の概略を示す．まずはじめに解析データを回折計から読み込み，これらを整理して空間群を決定しなくてはならない．次に直接法という手法により位相を決定する．決められた位相をもとに電子密度が計算され，分子の骨格が出現すれば正しい位相が与えられたことを確認できる．次に，重み付きフーリエ変換等により分子を完成させる．

続いて，最小二乗法によって構造を精密化し，さらに水素原子の位置を決定する．解析精度はおもに R 因子で評価する．通常の低分子有機結晶の場合，水素を含めた精密化の最終段階における R 因子は 7 % 以下となる．

解析結果は原子の熱振動を異方性温度因子を用いて楕円体で表示するプログラム，ORTEP 等により作図し，必要があれば結晶構造図を出力する．

精密化された最終座標から原子間距離，角度等の各構造パラメータを計算し，レポートを作成する．最終データを保存して終了する．

4.3 解析結果の応用

ここでは結晶の対称性について補足し，さらに X 線解析による結晶構造および分子構造の解析結果の整理やこれらの評価について解説する．特に X 線解析の特性を生かした絶対構造の決定法について説明する．また，NMR や質量分析等，他の手法との連携による有機構造解析の重要性や，機器分析の融合に基づく多角的な構造解析法の概念にも触れる．

4.3.1 結晶の対称性

対称操作や対称要素については既に述べたが，ここでは特に重要なものについて少し詳しく説明する．対称操作とは，例えばある軸のまわりに 90° 回転するとまったく同じ状態になったり，鏡に映った形がもとと完全に一致する場合，これらの操作を指す．また，このように操作後の形が原形と重なる

4.3 解析結果の応用

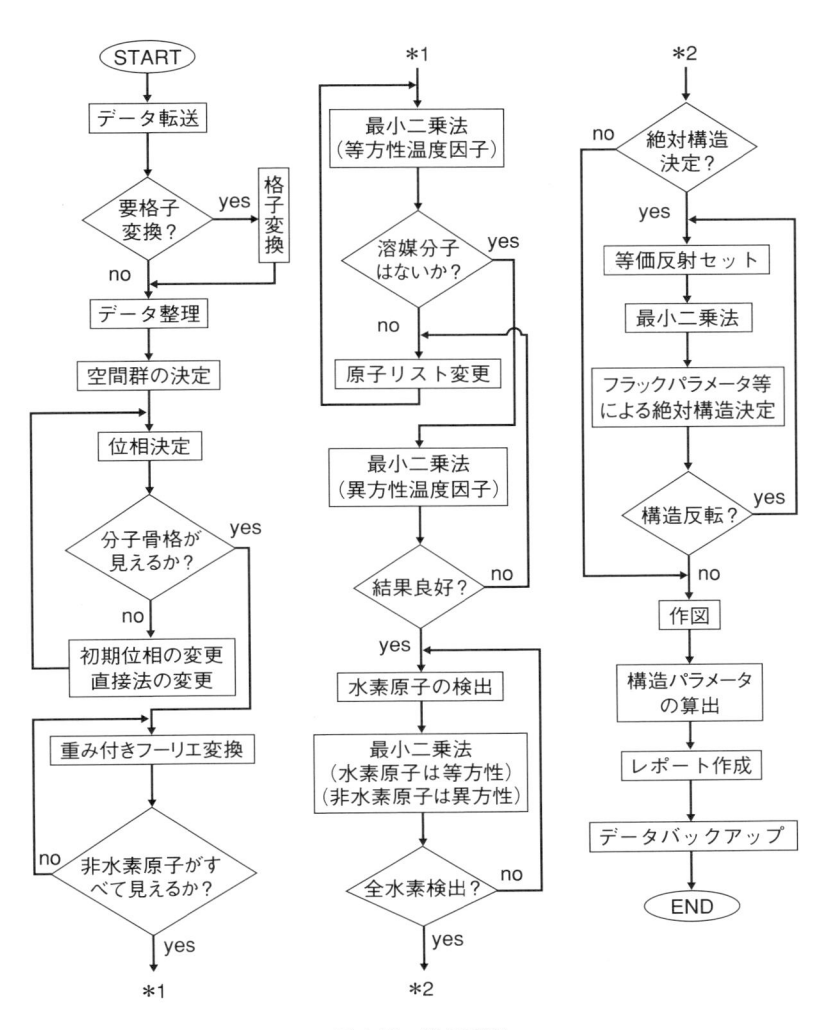

図 4.15 解析手順

とき，対称要素をもつという．

対称中心と反転

結晶中のある点について原子を点対称の位置に移動させる操作を反転 (inversion) と呼ぶ．そして，その点を対称中心 (center of symmetry) と呼ぶ．結晶中のすべての原子に関して反転操作を行ったとき，もとの配置と一致すればその結晶は反転の対称要素，あるいは対称中心をもつことになる．

回転

軸のまわりを 180° 回転したとき原形と一致する場合，2 回軸をもつという．同様に 120° では 3 回軸，90° では 4 回軸，そして 60° では 6 回軸が存在する．つまり，これらはそれぞれ 1 回転あたり 2 回，3 回，4 回，そして 6 回，原形と同じ配置になる．1 回転あたり 1 回しか原形と一致しない場合は回転による対称性はないといえるが，便宜上 1 回軸があると表現する (図 4.16)．

鏡映

結晶面を鏡に見たてたとき，その鏡に写る原子の配列が原形と完全に一致する場合，その結晶は鏡映面 (mirror plane)，あるいは鏡映 (reflection) の対称をもつという (図 4.17)．

図 4.18 において 3 枚のお互いに直交する鏡による鏡映について，キラリ

図 4.16　回転対称

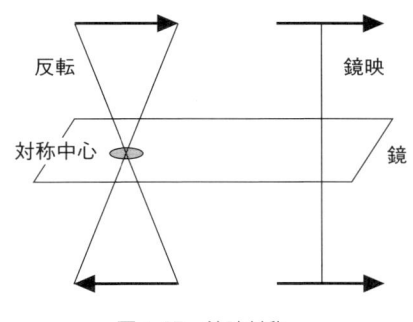

図 4.17　鏡映対称

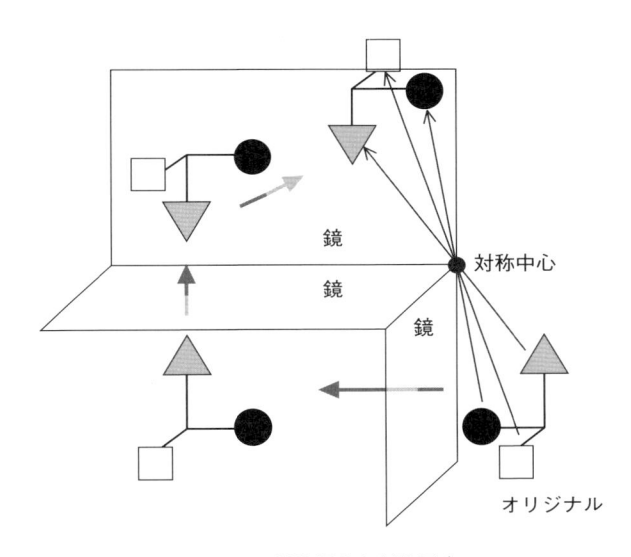

図 4.18　対称操作と対称要素

ティー (掌性) をもつ分子の振る舞いを見ることにしよう．なお，キラリティーに関しては 2.1.5 節で簡単に述べたが，これは人間の左右の手のように，一見同じように見えるが決して重ね合わせることはできない関係にあるものを指す．ちょうど鏡に映る像との関係 (左右の関係) になっており，自

然界に存在する分子は基本的には左右どちらかの構造に分類されると考えられる.

図 4.18 の original figure (オリジナル) の左側の鏡に写した図形は鏡に向かって前後のみが反転し (●), 互いに重ね合わせることができない. さらにこの像を上方の鏡に写すとやはり鏡に向かって前後が反転し (▲), 直前の像とは重ねることはできないが, original figure とは重なる. さらに奥の鏡に写した 3 番目の像は, やはり前後 (□) が反転していて直前の像と重ねることはできない.

ここでこの 3 番目の像と original figure の関係を調べると, 図に示す対称中心による反転の関係になっていることがわかる. このように鏡による鏡映操作を偶数回繰り返すとキラリティーをもつ分子が完全に原形と一致する. これをパリティーと呼ぶ.

らせん

らせん操作 (screw rotation) とは回転と並進を組み合わせた操作を指す. ある軸について n 回回転操作を行い, その軸方向の繰り返し単位の m/n だけ並進を行う操作を n_m と記述する. そしてこの軸を n_m らせん軸と呼ぶ. 図 4.19 に 3_2 らせん操作と 3_1 らせん操作を示す.

下の A から C へ至る経路を考えるとき, 右回りに上り, 240° 回転すればよいことがわかる. このとき 2/3 周期上ったことになる. この操作が 3_2 である. 一方, 上の A から左回り (逆転) に 1/3 周期下る場合も C へ到達する. この操作は 3_1 である. すなわち, 3_2 と 3_1 は右巻きと左巻きの関係にある.

映進

映進 (glide-reflection) は並進と鏡映を組み合わせた操作である (図 4.20). この操作の対称要素は映進面 (glide plane) と呼ばれている. 映進面の対称要素をもつ結晶では, 映進操作を行った位置にも原子が存在する. 図

4.3 解析結果の応用　　　　　　　　　　　　85

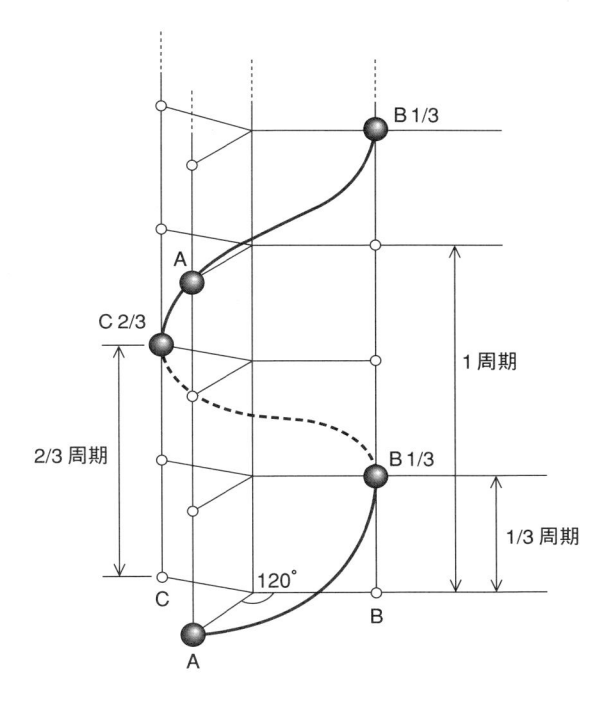

図 4.19　3_2 と 3_1 らせん操作

4.20において下の矢印は鏡面によって点線で示す上の矢印の位置へ移る．さらに右方向へ1並進単位移動する．並進が軸に沿う場合は各軸方向へそれぞれ，a-, b-, c- 映進面と呼ばれ，対角線方向へ向かう場合 n 映進面と呼ばれている．

　ここで示したように，結晶の対称要素の検出は単なる分類にとどまらず，単位格子中，異なった複数の部分の関連性を明らかにするために重要な役割を果たしている．

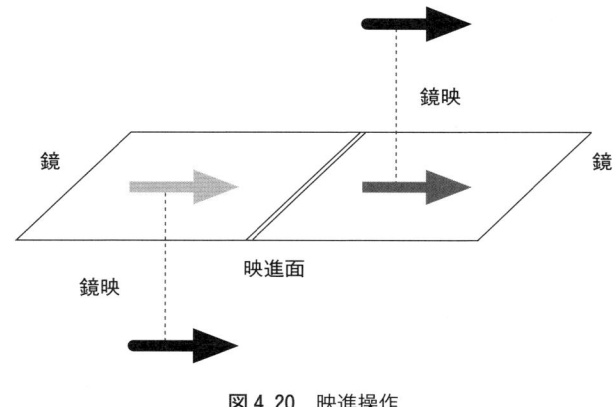

図 4.20　映進操作

4.3.2　空間群の決定

消滅測と空間群

結晶の対称性に基づいて構造解析を行うには，まずはじめに結晶の空間群を決定しなければならならない．これには晶系と反射データの消滅則を用いる．いま，ここにC底心格子があったとしよう．たとえこの格子を変換操作を含め単純格子（P）として取り扱ったとしても，すべての格子点を説明することができる（図 4.21）．しかし，C底心格子では観測されない格子点が生じることになる．これは空間格子の消滅則（extinction rule）と呼ばれ，ブラベ格子の特定に役立つ．

次に，対称操作の中で並進を伴う場合を考えてみる．ここにc軸に沿った2回らせんがあったとしよう（図 4.22）．原子の位置を固定すると，軸を180°回転してからc軸方向へ原点を1/2だけ上るともとの像と重なる．この並進操作は構造因子Fに対して位相変化を起こすことになる．この場合，座標は反転する．

図 4.22でc軸のまわりの180°回転によって指数h, k, lは$-h, -k, l$となる．これに伴い位相は変化する，すなわち，$F(-h\ -k\ l) = F(h\ k\ l) \exp$

4.3 解析結果の応用　　　　　　　　　　　　87

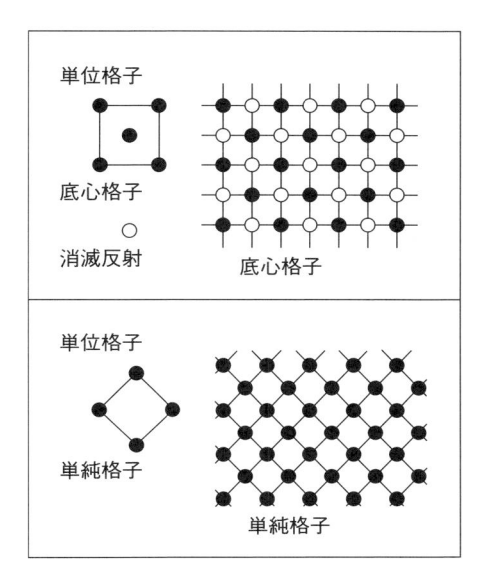

図 4.21 底心格子と単純格子

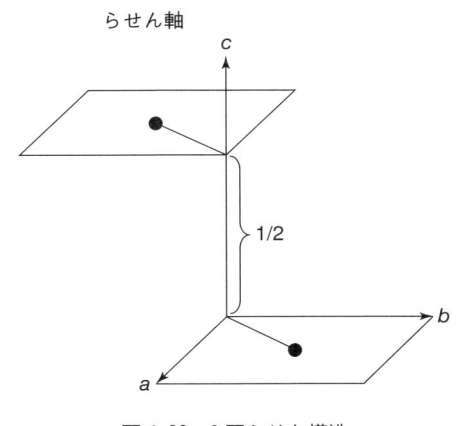

図 4.22 2 回らせん構造

$(\pi i l)$ となる．ここで，$\exp(\pi i l) = \cos \pi l + i \sin \pi l$ なので，l が偶数なら 1，奇数なら -1 となる．このため，特別な場合として $h = k = 0$ の場合は l

が奇数のとき $F(0\,0\,l) = -F(0\,0\,l)$ となり，したがって $F(0\,0\,l) = 0$ すなわち，c^* 軸上での F は 1 つおきに 0 になることを示している．これが，2 回らせん軸による消滅則である．これは空間格子による消滅則と違って，特定の軸上のみに出現する．さらに，この種の消滅則は映進面にも現れる．

このように測定データ中で特別な反射が系統的に消えるこの消滅則は，らせん軸および映進面によって生じるため，比較的対称性の低い結晶格子をもつ有機化合物の単結晶の場合，その空間群を特定できる可能性が高い．しかし，消滅則は完全なものではなく，並進対称要素が検出されるだけなので，常にただ 1 つの空間群が導かれるわけではない．消滅則により一義的に空間群が決定できない場合は，結晶を構成する分子の性質等を考慮して多角的に空間群を検討する必要がある．

次に 2 回らせんによる具体的な消滅則の例について詳しく見てみよう．2 回らせん軸は，斜方晶系では a 軸上に存在すれば $(h\,0\,0)$ の反射が影響を受け，$h = 2n+1$ すなわち a 軸上奇数の反射が消滅する．同様に b 軸では $0\,k\,0$ の反射が $k = 2n+1$ で，また c 軸では $(0\,0\,l)$ の反射が $l = 2n+1$ でそれぞれ系統的に消滅する．つまり斜方晶系で軸上の反射が 1 つおきに消滅し，偶数の指数をもつ反射のみ観測されるときはこの軸は 2 回らせんであることがわかる．**図 4.23** に a, b, c 軸それぞれに 2 回らせんを有する空間群 $P2_12_12_1$ の場合について示した．ただし ○ は消滅反射を示す．

映進面に関しても類似の取り扱いが可能となる．すなわち，a 軸に垂直で b 軸方向への映進面があるとき，影響を受ける反射は $0\,k\,l$ の指数をもつ反射であり，$k = 2n+1$ で消滅する．同様にこの映進面が c 軸方向へ向かう場合は $l = 2n+1$ で消滅する．さらに，対角方向へ走る n 映進面では，$k+l = 2n+1$ で消滅する．このようにして反射の系統的な消滅により映進面の種類を特定することができる (**図 4.24**)．

230 種類の結晶の空間群の詳細は『International Tables for X-Ray Crystallography』というデータ集に記載されており，空間群に基づく単位格子内

4.3 解析結果の応用

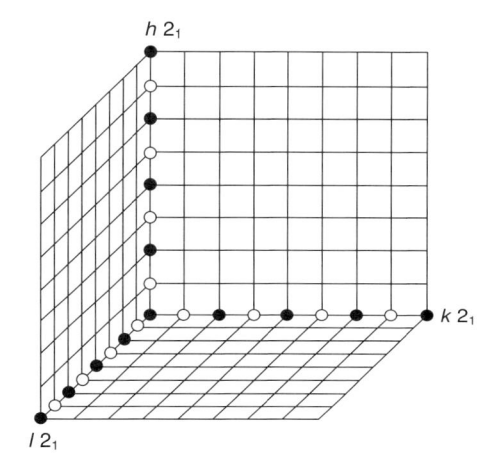

図4.23 $P2_12_12_1$ の消滅則

$h00$　$h=2n+1$
$0k0$　$k=2n+1$
$00l$　$l=2n+1$

$hk0$　$h+k=2n+1$
$0kl$　$k+l=2n+1$
$h0l$　$h+l=2n+1$

図4.24 映進面による消滅則

の対称性や原子の配置等を即座に知ることができる．図4.25に一例として空間群 $P2_12_12_1$ の部分を示した．

　4個の図は単位格子の対称要素を記した3面図等を表している．左上の図は，下向きに a 軸，右向きに b 軸を表している．この側面図には3本の2回らせん軸が描かれているが，横から見た2回らせん軸は片矢印で示される．また，この空間群 $P2_12_12_1$ は3軸に2回らせんのみが存在することを示している．なお単斜晶系の場合は $P2_1$ のように，b 軸のみについてその対称要素を記す．

$P2_12_12_1$　　　D_2^4　　　222　　　Orthorhombic

No. 19　　　$P2_12_12_1$　　　　　　　Patterson symmetry $Pmmm$

International Tables
For X-ray Crystallography

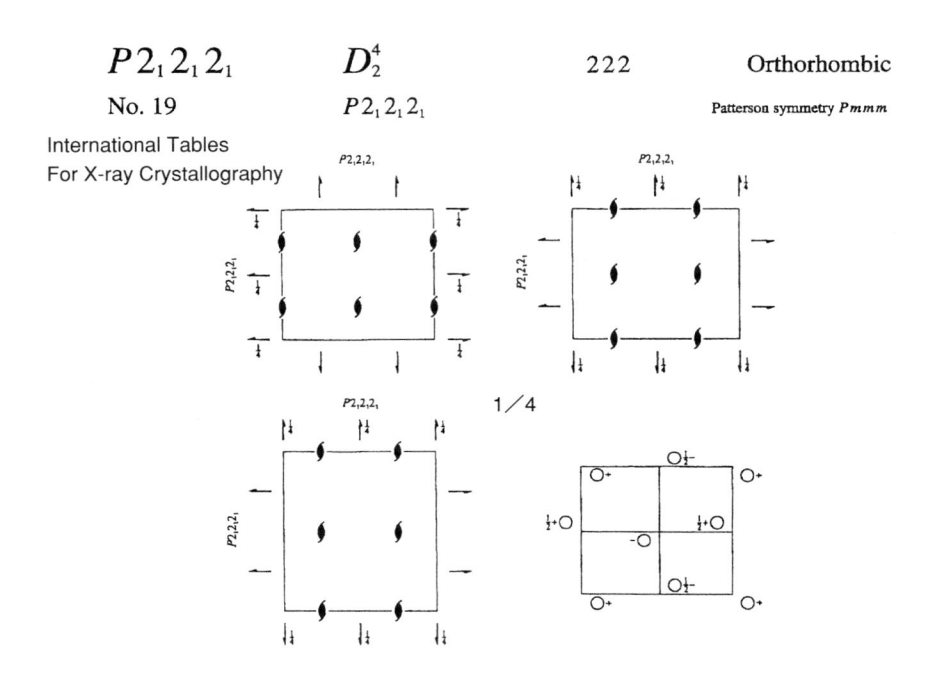

図 4.25　空間群 $P2_12_12_1$

4.3.3　絶対配置の決定と X 線解析の応用

不斉と半面像的結晶

　キラリティー（掌性）をもつ分子の対称操作について 4.3.1 項で述べたが，ここでは結晶との具体的関連について記す．キラリティー（掌性）は人間の左右の手のように一見同じように見えるが決して重ね合わせることはできない関係にあるものを指す．ちょうど鏡に映る像の関係（左右の関係）になっており，自然界に存在する分子は基本的には左右どちらかの構造に分類されると考えられる．有機化合物においても左右の関係にある結晶が得られる場合がある．一例を図 4.26 に示す．

　この結晶では小さな結晶面が発達しており，これらの面のため 2 つの形態

(−)-Crystal　　　　　　(+)-Crystal

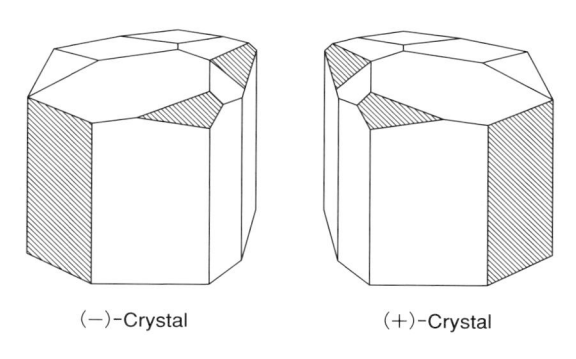

図 4.26　半面像的結晶

は重ねることができず，したがって左右の関係にある．このような結晶を半面像的結晶と呼ぶ．形態上・外観上の左右関係は旋光性の左右関係に直接結びつけることが可能であり，例えば左の結晶が左旋性であれば左旋性結晶，右の結晶が右旋性であれば右旋性結晶と呼ぶことができる．天然物有機化合物の結晶では，これを溶かして溶液にしても旋光性を示すことから，結晶の旋光性は結晶内の原子の配列に起因していることがわかる．光学活性をもつ天然有機化合物ではその結晶も光学的に活性であるため，左右を反転する対称操作，すなわち鏡面（あるいは映進）および対称中心が結晶の対称性として含まれない．これらの対称要素は結晶中に右手系と左手系の非対称種が同時に存在することを要求しており，対掌体の片一方だけでは満たすことのできない条件である．

　このように光学活性物質の結晶の空間群には反転要素が存在しないことがわかっているため，空間群の決定が単純化される．

絶対構造の決定

　重ね合わせることができない非対称な関係を不斉と呼び，このような光学活性を示すどちらか一方の分子の形を絶対構造と呼ぶ．半面像的結晶はしたがってキラリティーをもち，この左右を決めることを絶対構造あるいは絶対

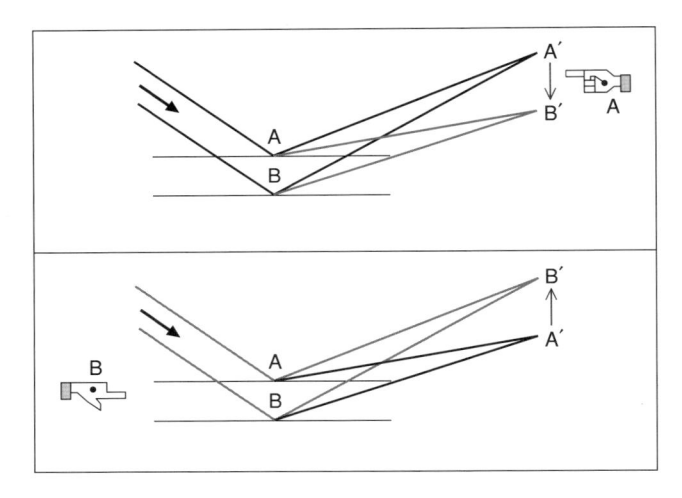

図 4.27　絶対構造の決定

配置（absolute configuration）の決定という．

　結晶による X 線回折の結果得られるラウエ斑点等のパターンは，一般に鏡像体の両方でまったく同一であり区別できない．すなわちこれではキラリティーを除いた三次元構造しか決めることができず，絶対配置までは決められないことになる．

　図 4.27 の 2 つの手（左右）の親指の付け根付近に記された黒点は，手の表裏を除けば互いに鏡像に基づく回折パターンを区別できない．しかし，点 A，B のように表裏または上下を問題にすれば差違が生じることがわかる．結晶格子の中でこのような原子の上，下を区別する方法は既に 1928 年，西川正治博士により発見された．この手法では，ある特定の原子の X 線吸収端よりわずかに短い波長の X 線を用いる．例えば閃亜鉛鉱（ZnS）の結晶において亜鉛原子と硫黄原子の上下を区別するためには，亜鉛の吸収端が 1.281 Å であるため金の L_α 線（1.274 Å）やタングステン $L_{\beta 1}$ 線（1.279 Å）を用いる．A，B の異なる原子に B の原子の X 線吸収端よりわずかに短い波長の X 線を照射すると，B 原子において異常散乱（anomalous dispersion）という現

象が起こる．この散乱のタイミングの遅延のため右手系分子では下側 (B′)，左手系分子では上側 (B′) に回折斑点が現れることになる．これらの関係はもはや鏡像体的ではないため，原理的にはこの差を調べることにより絶対配置を決めることができる．

これらの手法により絶対構造を決定するには，通常の非対称単位の2倍の領域の反射強度測定が必要となる．これは，異常散乱のために等価でなくなる指数の組（バイフット対）が存在するからである．さらに，実際に絶対構造を決定する際，結晶中に重原子の存在が必須であることはいうまでもない．

次に絶対構造決定を実行するための主な具体的手法を示す．すなわち，1) バイフット対 (Bijvoet pair) の強度比較，2) R 因子法，3) フラックパラメータ (Flack parameter) による方法等である．これらの手法は独立に絶対構造決定に利用できるが，複数組み合わせて用いることが多いようである．3) のフラックパラメータはロジャース (D. Rogers) とフラック (H. D. Flack) により提案された比較的新しい手法であり，現在では絶対構造決定法の主流となっている．

X線解析の利用

X線解析から得られる知識は，物質の構造を研究するうえで重要な基本事項を含んでいる．特に分子の立体構造に関する知見は原子の結合について多くの疑問に答えてくれる．原子の三次元配置を精密に測定することのできる物理的手法は本X線解析がほとんど唯一であり，解析結果は広範囲にわたる分野で利用されている．

半世紀前になされた DNA 分子の二重らせん構造の解明に X 線回折が大きく貢献し，また現在までに多くの重要なタンパク質の結晶構造が精密に解析されたことは周知の事実である．生命の起源や進化の機構の理解への道を切り拓く遺伝分子の構造解明と同様に，物質の本質を探求する諸基盤科学における分子構造解析の担う役割は計り知れない．

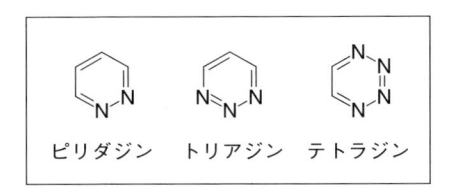

図 4.28　アザベンゼン類

　有機化学における分子の立体構造に関する知見は，反応性を中心とする化合物の基本性質を理解するうえで欠かせない．基本単位分子の立体構造を精密に求めることは特に重要であり，この分野では，例えばベンゼンの炭素原子を窒素で置き換えてできるピリダジン，トリアジン，テトラジン等の隣り合う窒素をもつアザベンゼン，すなわち隣接多窒素環状共役化合物（図 4.28）の X 線解析が知られている．これらの解析結果は，基本構造と反応性の関わりをはじめ物質の理解に大きく寄与している．

　また，極微量しか得られない天然物有機化合物や生理活性を有する有機化合物の構造解析にも X 線解析はおおいに役立っている．

　さらに，近年注目されている自己組織化により生成するナノスケールの超分子の構造解析において X 線解析は貢献してきた．例えば，立体的に絡み合うカテナンと呼ばれる超分子や，鎖状の分子に穴の開いた球状の分子を通してつくられる分子ネックレス等の超分子化合物は，遷移金属であるパラジウムの配位力により自発的に形成したもので大変興味深い形をしている．これらの比較的不安定で複雑な分子についても X 線解析が適用されてきた．さらに，技術進歩にともない X 線解析の及ぶ範囲がいっそう拡大されている．現在では，必ずしも一定の大きさをもつ安定した単結晶である必要はなく，比較的不安定で水等の溶媒を多く含む結晶でさえ解析対象となりえる．

　また，さまざまな活性を有する多くの機能性分子は溶液中での構造が注目されているが，これと結晶構造との関連性についても活発に議論されている．現在のところ溶液と結晶であまり大きな構造の相違は見出されていない．し

4.3 解析結果の応用　　　　　　　　　　　　　　　　　95

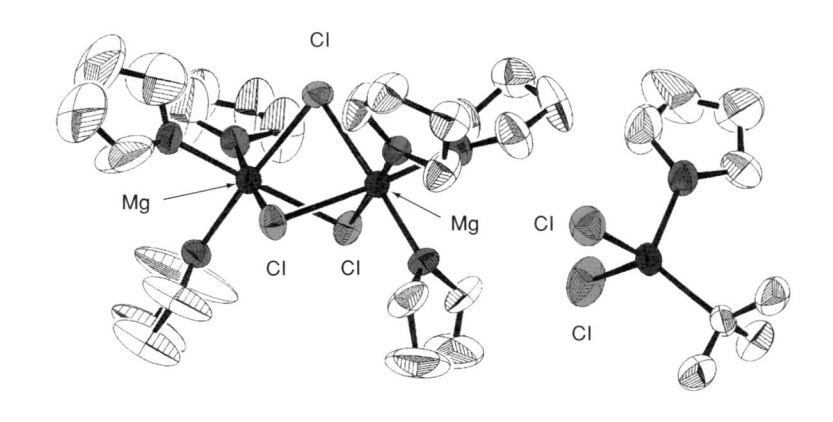

図 4.29　グリニャール試薬から得られたマグネシウム錯体の結晶構造

かし不安定結晶の解析はしばしば解析精度の低下をもたらす場合がある．したがって，溶液構造を強く反映する場合は他の分析手法と連携して解析に当たる必要がある．例えばグリニャール試薬の平衡構造の解析には質量分析法との連携が不可欠であった．

　図 4.29 にグリニャール試薬から得られたマグネシウム錯体の結晶構造を示す．ここに示すような 2 つの Mg への Cl の架橋構造が観測され，さらにこの構造は，エレクトロスプレーイオン化に代表されるスプレーイオン化法の 1 つであるコールドスプレー質量分析により，溶液中にも存在することが確かめられた．

　このように，最近の有機構造解析においては単一の分析・解析手法によるアプローチでは対応できないケースが増大している．他の手法，すなわちNMR や X 線解析など種々の大型分析機器を組み合わせて問題を解決しようとする傾向がいっそう強くなっており，これらの異種の分析システムを柔軟に混合した多角的な構造解析を実現するよう努力をはらうことが求められる．X 線解析のみならず他の関連分析システムを含めた「融合機器分析」と

もいえる総合的な有機構造解析への展開が，新世代の構造解析技術開発にとって重要であると思われる．

4.3.4 生体分子への応用

上述の合成有機化合物の他，生命現象に直接関連する生体分子あるいは生体高分子のX線解析も着実に進歩している．生体高分子の中で，タンパク質の世界初の立体構造は1958年ケンドリュー（J. C. Kendrew）らによるミオグロビンのX線結晶構造解析である．それ以来数千種のタンパク質がX線結晶構造解析により明らかにされた．**図4.30**にマッコウクジラのミオグロビンのX線解析による構造を示す．

解析された構造は，さまざまな色で画かれたらせん構造やシート構造，およびこれらを結んででき上がった美しい立体構造図として描画される．これらの多くの解析精度は分解能が2～3Åであり，精度のよい構造に基づいて機能や物性解析，そして反応機構解析やドラッグデザインを行うことができる．しかし高分解能のデータが得られる良質の結晶が得がたいことと，超精密解析を行うことの難しさ，時間と労力が掛かること等多くの困難があり，その解析例は現段階ではあまり多くない．現在世界最高精度の解析は分解能1.2Å程度であり，これによれば，タンパク質中の水素原子の約80％までが差フーリエ変換法により明瞭に確認できており，メチル基の水素まで完全に確認できる．このことは，タンパク質の構造だけでなく，結晶中に含まれる水分子の位置や存在確率を正確に解析できることを示している．水素以外の原子に異方性温度因子を用いて精密化すると原子の動きやすい方向や動きの大きさを知ることができ，さらに各原子の動きを組み合わせて任意の部分あるいは分子全体の動きを計算することもできる．

遺伝子を構成するDNAの中の塩基配列に対応して各種タンパク質が特異的に合成される．そのタンパク質の構造を解明するには，X線解析およびNMRが用いられる．単結晶が得がたい試料を対象とする場合，また溶液中

4.3 解析結果の応用　　　97

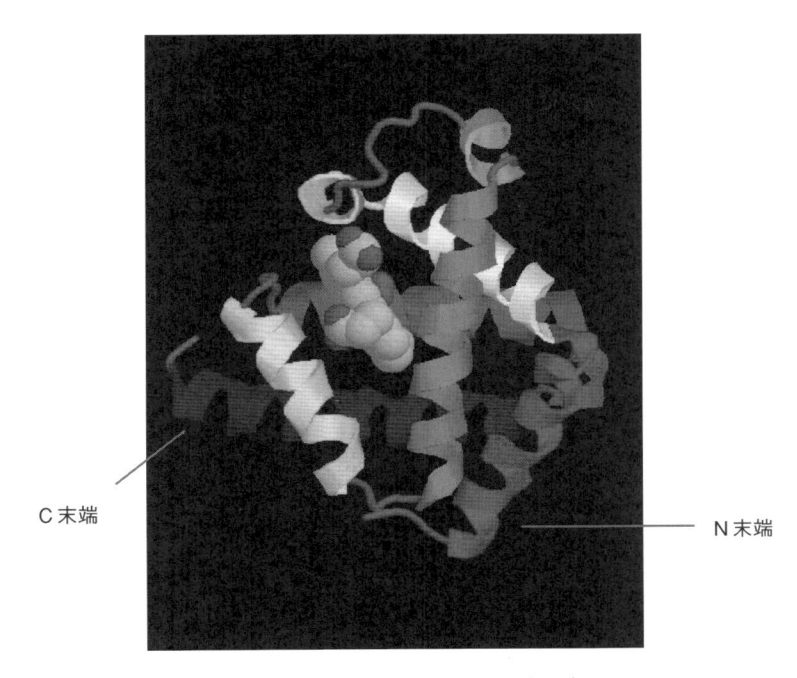

図 4.30　マッコウクジラのミオグロビン
(静岡県立大学薬学部生物薬品化学教室　星野 稔 http://w3pharm.u-shizuoka-ken.ac.jp/~bioorg/macromol/myoglobin-j.html より)

での高次構造や分子間相互作用，ダイナミクスに関する情報を得るには，もっぱら NMR が用いられる．これは 1985 年頃からさかんになったもので，2008 年 8 月現在タンパク質データバンク（PDB）には 30000 種以上のタンパク質の原子座標が登録されており，この中には NMR によって決定されたものもあるが，大部分は X 線解析によるものである．

　自然界に知られる物質は数千万種にのぼり，このうち数十万個の構造が正確に決定されているといわれている．X 線解析をはじめとする機器分析がこれらに大きく貢献していることはいうまでもない．既に述べたように，X 線解析について言及するならば，現在では必ずしも高度に精製された純粋で

安定な有機化合物に限らず，不安定で微量しか得られない，例えば分子性結晶等についても短時間で解析することが可能となった．さらに，「融合機器分析」に基づく解析を推進することにより，構造解析範囲がいっそう拡大するに相違ない．

ブラッグ親子とブラッグ条件の真？の意味

　ブラッグ親子で有名なブラッグ則はX線結晶学への最も大きな貢献の1つとして高く評価され，二人に対して1915年ノーベル物理学賞が授与された．父 W. H. ブラッグは1862年英国カンバーランド生まれ．アデレード大学，リーズ大学教授を歴任している．

　息子 W. L. ブラッグは1890年オーストラリア アデレード生まれ．マンチェスター大学，ケンブリッジ大学の教授を歴任している．彼が大学院生のとき，配属されたトムソンの研究室で「結晶中の鏡」を発想し，これがブラッグ条件の発見の発端となったとされている．もし，X線の入射波角反射波角が等しくなければ，この現象は複雑になる．回折の一般式は図を用いて次のように示される．

$$n\lambda = d(\cos\theta - \cos\phi)$$

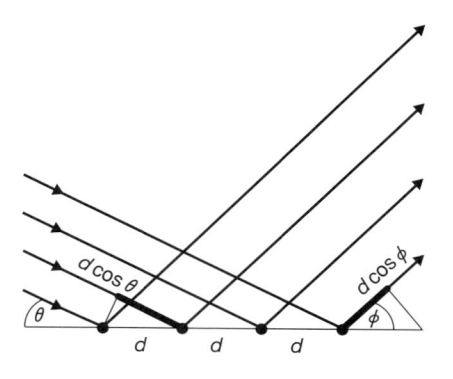

図　一次元回折格子による回折

θ は入射角，ϕ は反射角である．この式の中で，θ と ϕ が等しいもののみを考えるのがブラッグ条件である．つまり，この法則はこの式で示される回折に対して，常に $\theta = \phi$ が成立する格子面，すなわち鏡を当てはめて解釈しようとするものである．検出器に記録された斑点はそれぞれの回折を起こした格子面に対応していることを示している．

演 習 問 題

[1] X線を用いた分析法を列挙し，それぞれについて簡単に説明せよ．
[2] 逆格子とは何か，簡単に説明せよ．
[3] 測定された回折データより構造を解析する手順を簡単に説明せよ．
[4] 消滅則は何に役立つか．
[5] 絶対構造の決定について説明せよ．

第5章　核磁気共鳴

　NMR の原理および特性を理解することにより，有機化合物の構造解析への適用について学ぶ．さらに，装置開発の経緯をはじめ，有機化合物の構造に関してどのような情報が得られるかを中心に，基礎的な事項を学習する．パルス FT-NMR 分光法について概説し，原理および特性を理解することにより有機化合物の構造解析への適用について考察する．特にパルスや FID，つまり自由誘導減衰，そしてフーリエ変換などの関係について説明する．さらに FT-NMR のパルス系列やこれによる新しい測定法について学び，医療分野への応用や生体高分子の立体構造解析など NMR の幅広い適用性についての知識を深める．

　われわれが現在知る磁気に関する研究は，1600 年にロンドンで出版されたギルバート（W. Gilbert）の『磁石および磁性体ならびに大磁石としての地球の生理学』(*De Magnete, Magneticisque Corporibus, st de Magno Magnete Tellur*，ラテン語による原典）から始まっている．その後の詳しい研究により，磁性というものは3つのカテゴリーに分類された．すなわち強磁性，常磁性，そして反磁性である．近年になって，磁気に関する研究は急速に進歩し，原子核よりもたらされる核磁気と呼ばれるものを第4のカテゴリーとして加えるようになった．核磁気共鳴（NMR）は磁気を利用した分析手法である．

　NMR とは nuclear magnetic resonance すなわち核磁気共鳴と訳される手法であり，1946 年，二人の物理学者ブロッホ（F. Bloch）とパーセル（E. M.

Purcell) によって開発された．しかし，これ以前に，ブロッホとパーセルの発見を導く重要な研究がある．それはラビ (I. I. Rabi) の分子線法と呼ばれるもので，磁気モーメントという物理量を精密に測定し，角運動量が量子化されている事実を裏付けたのである．さて，最近ではエルンスト (R. R. Ernst) が NMR 分光学の技術開発への貢献に対してノーベル化学賞を授与されたことが記憶に新しい事柄ではないであろうか．今日の有機化学にとってとても重要な NMR という機器分析手法を実用化した功績が高く評価されたものである．さらに彼は，フーリエ変換 NMR や二次元 NMR などの開発にも大きく貢献した．

NMR は有機分子の構造解析になくてはならない装置として定着し，幅広く活用されるようになった．水素や炭素を中心とした分子構造解析に利用されるのみならず，最近ではイメージングの分野にも進出している．MRI (5.5.6 項参照) は既に医療分野で活躍しているが，小規模な NMR 装置によるイメージング技術が開発されている．また，低分子有機化合物のみならず，解析対象を生体高分子に広げ，生化学分野への貢献も顕著である．

5.1 核磁気共鳴の原理

磁性のもつ基本的な性質を理解するためには，角運動量 J と磁気モーメント μ とを用いなければならない．この量は古典的な物理学から導き出される．すなわち，任意の円軌道の磁気角運動量 J，モーメント μ，質量 m，電荷 q と定義すると式 (1) が得られる．

$$\mu = \frac{q}{2m} J \tag{1}$$

さらに，磁場 B 中でのエネルギー E は，

$$E = \mu B \tag{2}$$

式 (1) はある量子力学的理由によって $J:\mu = 2:1$ となる．また，ここで磁気回転比などを含む粒子特有の因子として γ を導入すると，式 (1) は次のように書き換えられる．

$$\mu = \gamma J \tag{3}$$

そして，量子力学的理由から角運動量 J は不連続な値しかとりえないことが結論される．例えば陽子の場合，2通りの可能な状態 J_1, J_2 があり，プランク定数を h とすると，

$$J_1 = \frac{1}{2} \cdot \frac{h}{2\pi} \tag{4}$$

$$J_2 = -\frac{1}{2} \cdot \frac{h}{2\pi} \tag{5}$$

ゆえにエネルギー E は，式 (2) と式 (3) より，

$$E_1 = \frac{1}{2} \cdot \frac{\gamma h B}{2\pi} \tag{6}$$

$$E_2 = -\frac{1}{2} \cdot \frac{\gamma h B}{2\pi} \tag{7}$$

5.1.1 核スピンとゼーマン分裂

式 (6), (7) は，強磁場中に置かれた核スピンが2つのエネルギー準位に分裂することを意味する重要な式である．図5.1において，核スピンを矢印で表すと，通常これは不特定の方向を向いている．しかし，強い磁場中では上向きのスピンと下向きのスピンの2種に明確に分離する（ゼーマン分裂）．これらのエネルギー準位が E_1, E_2 であり，不安定な E_1 準位のスピンは E_2 に比べ若干少ない．したがって，E_2 を電磁照射により選択励起すれば E_1 へ遷移させることができる．すなわち，このゼーマン分裂で生じたエネルギー差は式 (8) で示される．

5.1 核磁気共鳴の原理

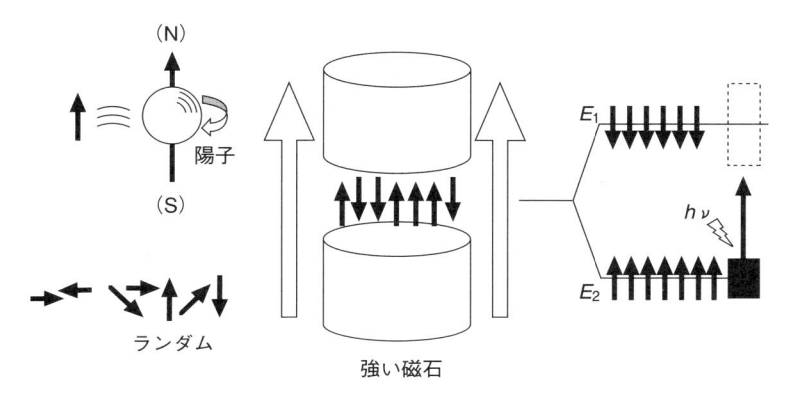

図5.1 ゼーマン分裂

$$E_1 - E_2 = \frac{\gamma h \boldsymbol{B}}{2\pi} \tag{8}$$

このエネルギー差と照射される高周波，$h\nu$ のエネルギーが一致したとき，エネルギーの吸収が起こる．これが NMR 現象である．ν は共鳴周波数（ラーモア周波数）とすると，

$$h\nu = \frac{\gamma h \boldsymbol{B}}{2\pi} \tag{9}$$

より

$$\nu = \frac{\gamma \boldsymbol{B}}{2\pi} \tag{10}$$

角速度 ω とすると，

$$\omega = \gamma \boldsymbol{B} \tag{11}$$

このように NMR 現象における共鳴周波数を簡素な式で示すことができる．すなわち，NMR において共鳴周波数は分子固有の値ではなく，外部磁場 $\boldsymbol{B}$ に依存する．それぞれの核スピンが感じる磁場は，原子の電気的性質により

生じる局所磁場により変化するため，その原子の置かれた環境，すなわち分子構造をある程度反映して変化する．このため共鳴周波数の変化から構造情報を引き出すことができる．

原子のようなミクロの粒子の常磁性は実際には極めて小さく，原子核の磁性はさらに千分の1だが，核磁気共鳴を用いると容易に観測することができる．少量の水などのプロトンを含む溶液試料を磁場 B の中に置くと，陽子は $1/2$ のスピンをもつため2つの可能なエネルギー状態にあると考えられる．この場合，低いエネルギー状態にある陽子がほんの少し多く，このため弱い磁性をもつ．

したがって，$I = 0$ の核は NMR 現象を観測できない．ほとんどの原子はこれに当たらないが，炭素核 ^{12}C は $I = 0$ であり，観測できない．しかしスピン量子数は同位体間で異なるため，存在比は 1.108% と小さいが，^{13}C は $I = 1/2$ のため観測できる．

5.1.2 核磁気共鳴装置

上向きと下向きのスピンの数の差は，最も感度のよいプロトンでさえ 10^{-5} 程度と小さい．これは外部磁場 B の中に置かれた核スピンが熱平衡状態に達したときの値であり，これら両スピンの数の比はボルツマン分布に従うからである．このように両スピンの各準位における占有数の差はこれほど小さく，このことは信号も非常に小さいことを意味するが，NMR 装置を用いれば観測することができる．溶液試料を小さな振動磁場を発生できる磁石の中に置き共鳴周波数 ω で振動させたとする．すると2つのエネルギー準位間で遷移が起こる．このわずかな吸収を増幅して検出すればよいことになる．実際には ω を固定しておき，B を変えることにより共鳴周波数を探す．図5.2に NMR 装置の原理を示す．

電磁石の磁極間隙に高周波発振器に接続されたコイルが設置されており，共鳴周波数を設定することができる．また，主磁石の先端には補助掃引コイ

5.1 核磁気共鳴の原理

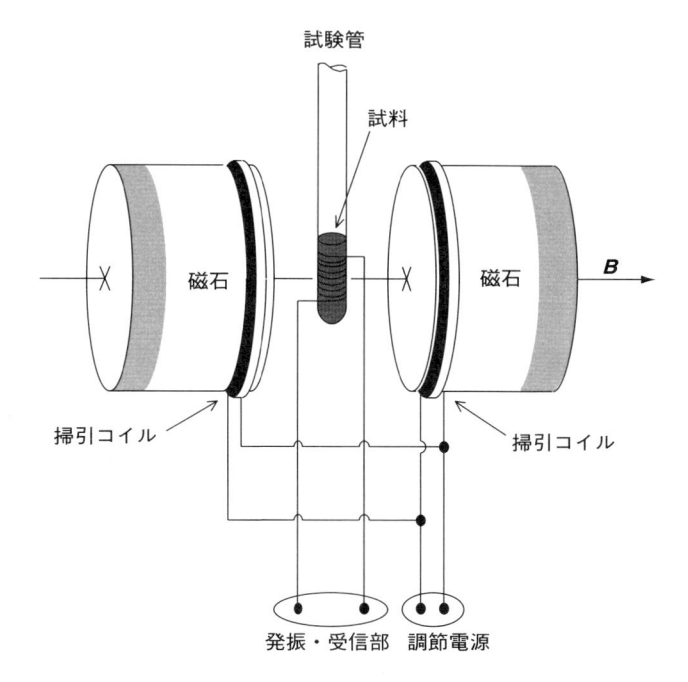

図 5.2 NMR 装置の概略

ルがあり，磁場をごくわずかだが変化させることができる．発振・受信部はエネルギー吸収によるパワー変化を検出し，増幅している．周囲の原子核によりつくり出される磁場が原因で原子核の共鳴の正確な周波数はわずかにずれる．つまり，特定の原子核が置かれている周囲の環境に大きく影響されることになる．これらのずれを精密に測定することにより，原子の置かれる環境を把握することが可能で，具体的には，周囲に存在する原子の状況やつながりも解析できる．

5.2 パルス FT–NMR 分光法

初期の NMR 装置では，観測核のラーモア周波数と一致するラジオ波を照射し，シグナルを観測していた．この場合，ラジオ波の周波数を少しずつ変化させて連続的に記録していた．この手法でプロトン核を測定するためには分単位の時間が必要であり，また感度が低いという問題があった．これに対して，パルス FT-NMR では以下に詳しく説明するように，あらゆる周波数成分を含むラジオ波を一度に照射し，放出されるすべての周波数の NMR シグナルを一度に観測することができる．この装置の開発により，NMR の有機化学や生化学への利用が急速に高まった．

5.2.1　FT–NMR の基本原理

単一周波数ではなく一定周波数範囲に分布する幅のあるラジオ波を短い単位時間でパルスを照射し，試料から放出されるラジオ波を検出するパルス法は，連続的にゆっくりと周波数を変化させてエネルギーの吸収を観測する CW 法（continuous wave 法）に比べ，感度よく短時間に測定を行うことができる．初期の NMR 装置は CW 法を採用していたが，現在ではほとんどパルス法に置き換わっている．短い時間領域に一定の強度をもつ電気信号であるパルスは，周波数分布をもっており，この範囲にラーモア周波数が含まれるよう調整されている．したがってこのパルスの照射により観測領域すべての周波数のラジオ波で同時に励起することになる．図 5.3 に周波数に対するパルス信号を示す．この図より，一定の周波数領域にわたって連続的に変化する信号強度を有することがわかる．一方時間軸について表すと，一定時間同じ強度をもつ矩形波となる．

パルス照射を受けた磁気モーメントはエネルギーを吸収し，次にこれをラジオ波として放出しながら基底状態にもどっていく．これを自由誘導減衰つまり FID（free induction decay）と呼ぶ．図 5.4 に FID 信号を示す．この減

5.2 パルス FT-NMR 分光法

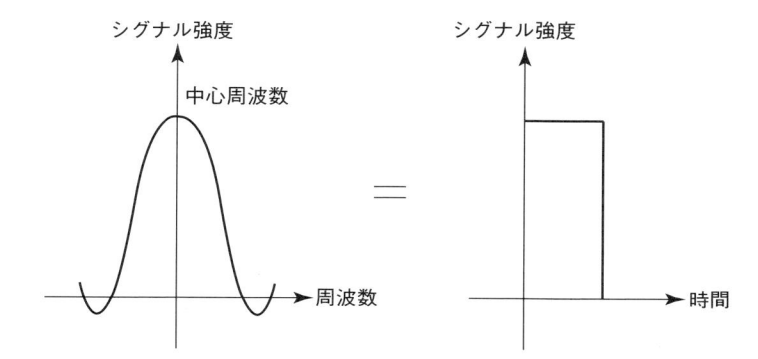

図 5.3 周波数に対するパルス信号

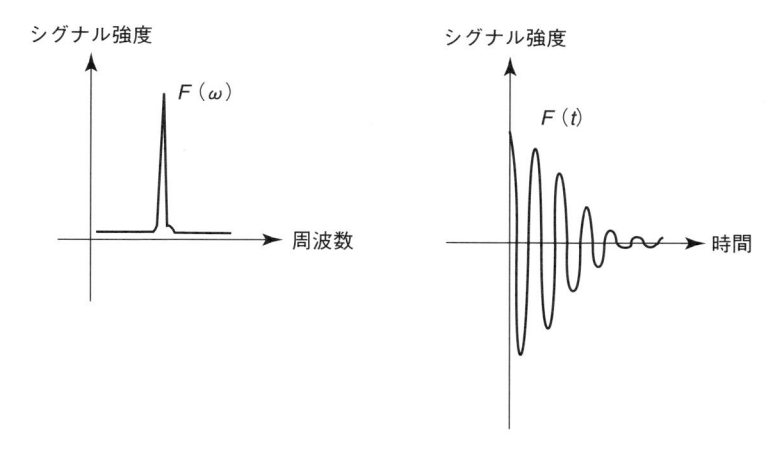

図 5.4 FID 信号

衰は一定の周期をもち指数関数的に減衰する信号としてとらえられ，時間の関数となっている．

NMR スペクトルは共鳴周波数に関する情報を得るため，FID の横軸である時間領域の情報を周波数領域に変換しなければならない．この数学的変換操作がフーリエ変換である．次頁の式の右辺は t, すなわち時間の関数であ

り，これを左辺の周波数 ω の関数に変換する．

$$F(\omega) = \int_{-\infty}^{\infty} f(t)e^{-i\omega t}\,dt$$

実際の NMR 装置のコンピュータで使われるフーリエ変換は高速計算用に開発されたもので高速フーリエ変換法，すなわち FFT (fast Fourier transform) として知られる．

5.2.2 FT-NMR 装置

このように，パルスを用いフーリエ変換を行う NMR 装置が現在では一般的であり，さらにこの手法は超電導磁石と組み合わせて超電導 FT-NMR として普及している．図 5.5 に FT-NMR 装置を示す．

超電導は低温で実現されるため，超電導磁石は液体ヘリウムの中に収められ，さらに外側を液体窒素で満たした筒状のタンクのような形をしているのが一般的である．磁場の強さによりさまざまな大きさの磁石が存在するが，磁場強度が増すにつれて共鳴周波数が大きくなるため，通常 ^{1}H 核の共鳴周

図 5.5　FT-NMR 装置

波数によって何MHzのNMR装置であるか識別する．300～600MHz付近のNMR装置が一般的であるが，最近では700MHz以上の装置も普及し始めている．

　溶液サンプルは直径5mmのチューブに入れて超電導磁石本体の上部から導入して容器中央にセットする．試料チューブは平均化のため測定中はスピンさせるのが一般的であり，またチューブをセットする際，金属製の治具を使用できないので空圧システムにより移動や回転を行っている．プローブと呼ばれる円筒状の装置が超電導磁石の下部より挿入されており，この部分は各種コイルをはじめ試料チューブの浮上やスピンに用いる圧縮空気の流路等を内蔵する．

　プローブは測定核種によって使い分ける場合があるが，一般には複数の核種の測定が可能なチューナブルプローブと呼ばれるものが用いられ，核種の切り替えはコンピュータにより行われる．プローブにはラジオ波の発振・受信コイルが収められ，この部分と分光計とのマッチングを調整するチューニング機構を備えており，これを最適化することにより感度や分解能を保つことができる．通常つまみを手動で調節する場合が多いが，これを自動的に行うオートチューニング装置も最近普及し始めた．

　目的によっては直径10mmのプローブもあるが，最近では微量のサンプルを測定するために，1mm，3mmプローブやナノプローブも普及してきている．

　分光計本体の中には各種ラジオ波発振器やパルスプログラマー，そしてNMRシグナルの受信機等が装備されている．NMR装置では主に照射用および観測用の2つの電磁波に関する電子回路が重要な役割を果たしている．測定核種の共鳴周波数に対応する高周波はパルスに整形され，アンプで増幅されてプローブ内の発振コイルへと送られる．一方，受信したFID信号はADコンバータを経てコンピュータへ送られ，フーリエ変換される．磁場の安定化を図るシム電流調整は受信したロックシグナルをもとに行われる．

5.3 NMR 測定

NMR は基本的には単一の原子核による作用を観測する．このため NMR という語の前に核種を記すのが一般的である．例えばプロトンでは水素の原子核 ^{1}H-NMR，質量数 13 の炭素の原子核では ^{13}C-NMR のように表現する．

式 (4)，(5) (p. 102) を導く際，プロトン（陽子）を例にしているが，これは原子核固有の核スピン量子数 I がこの場合 1/2 であるためである．NMR 現象はこの物理量に対するエネルギーの吸収・放出を観測している．つまりこの核スピン量子数が 0 の核は NMR 現象が観測されない．核スピン量子数の値は元素の種類だけではなく，同じ元素でも同位体同士で異なるので観測できるものとできないものが存在する．^{13}C の核スピン量子数は 1/2 なので観測できるが，99 % 存在する大部分の ^{12}C は核スピン量子数 0 であるため観測することができない．この他にも ^{18}O 等の核スピンは 0 だが，他の多くの元素は核スピン量子数を有する同位体をもっている．核スピンをもつ核種は ^{1}H，^{13}C，^{11}B，^{15}N，^{19}F，^{31}P，^{35}Cl 等，有機構造解析にとって大切な元素はほとんど含まれる．重水 ^{2}H(D) は $I = 1$ であり，スピン量子数が 0 ではないため NMR シグナルを観測することができるが，一般に $I > 1/2$ の核は四極子核と呼ばれシグナルが幅広になり，また複雑化して観測しにくくなる．

測定は概ね以下の順に行われる．すなわち，① サンプル調製として試料を重水素を含む重溶媒に溶解し，内部標準物質テトラメチルシラン（TMS）を添加する．これを NMR チューブに充填しキャップを取り付ける．② NMR チューブを導入口またはサンプルチェンジャーにセットし，プローブ内に挿入し，回転を開始する．③ コンピュータより測定核種や溶媒に関する情報を入力する．④ 補助コイル（シムコイル）のシム電流より分解能を調整する．この作業はほぼ自動化されている．⑤ パルスの強さや積算回数等を設定する．⑥ データをコンピュータに取り込む．これも完全に自動化されている．⑦ フーリエ変換により NMR スペクトルを得る．

5.3.1　NMRスペクトル解析

　NMRスペクトルで横軸方向の数値で表される化学シフトと呼ばれるパラメータは，観測している原子核がどのような化学的環境にあるかを示している．すなわち，原理で述べたように原子核の種類と外部磁場によって周波数は一義的に決まるが，実際には立体構造からくる原子核周囲の電気的環境に起因する微弱な局所磁場の変動が外部磁場 B をさかのぼり，原子核が感じる正味の磁場をわずかに変化させる．これによって変化した共鳴周波数のごくわずかなずれを，化学シフトとして検出する．実際このずれは核種ごとに外部磁場で決定される共鳴周波数の百万分の一（ppm）程度である．

　スピンと呼ばれる物理状態にある核同士に相互作用がある場合は，その隣接した原子核によってシグナルの分裂を起こすため，これを構造解析に利用することができる．これをスピン-スピン結合と呼ぶ．この結合は原子核間の化学結合を介した磁気モーメントの相互作用で，これにより2核に共通のエネルギー経路が生成すると考えるとよい．この新しい経路がエネルギー準位として生まれ，これらの間を遷移するための共鳴周波数に相当するシグナルが新たに出現することにより分裂が観測される．この分裂状態の様子を逆にたどることにより，観測している原子の隣にどのような原子がいくつあるのかがわかる．

　図 5.6 にエチルベンゼンの ^{1}H-NMR スペクトルを示す．NMR スペクトルの縦軸はシグナル強度，横軸は周波数を示す．サンプルと基準試料との共鳴周波数の差を発振器の周波数で割ったものを δ で表し ppm 単位で表示する．標準物質として通常 TMS を用い，このシグナルの位置を 0 としてこれより左側の低磁場側をプラス，右側の高磁場側をマイナスで示す．また，シグナルのグループごとに積分強度が示されている．

5.3.2　NMR による構造解析

　このスペクトルでは 7.3～7.4 ppm，2.8 ppm および 1.4 ppm 付近にシ

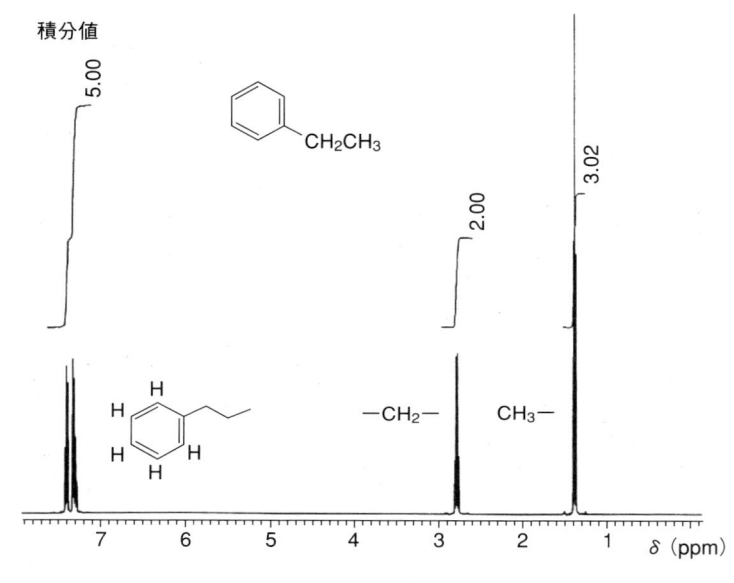

図5.6 エチルベンゼンの ^{1}H-NMR スペクトル

グナルを観測することができる。これらはそれぞれエチルベンゼンの芳香環部分，メチレン基（$-CH_2-$）およびメチル基（CH_3-）に相当する。これら3つのシグナル群はそれぞれの原子核の置かれている環境，正確には磁場を受ける環境が異なるため化学シフトの差として観測される。さらにこれらのシグナルの積分強度からプロトンの数を求めることができる。図中に積分値が示されているが，メチレン基，メチル基のプロトンはそれぞれ2個と3個であり，芳香族プロトンは5個あることがわかる。図5.7にスペクトルの拡大図を示す。それぞれのシグナル群はスピン-スピン結合により分裂している。メチレン基，メチル基のプロトンは磁気的に等価，つまり，分子中の立体的位置関係が同じである。このため，メチレン基のシグナルは隣接するメチル基の3個のプロトンにより4本の多重線に分裂し，また，メチル基のシグナルは同様に隣接するメチレン基の2個のプロトンにより3本の多重線に分裂

5.3 NMR 測定

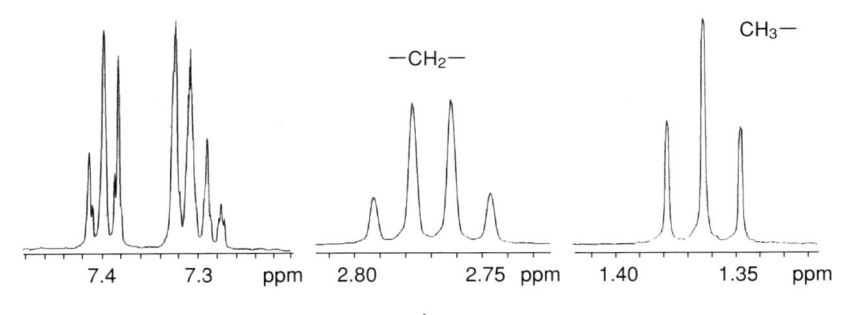

図 5.7 エチルベンゼンの ^{1}H-NMR スペクトル拡大図

している．これは一次則として知られており，スピン-スピン結合により分裂したシグナルの本数は，その核とカップリングしうる核の数と，その核スピン量子数によって決まる．プロトンのスピン量子数は 1/2 である．ここでいう一次則とは，隣接している磁気的に等価なシグナル群同士は，n 個の核スピン量子数 I の核によって $2n+1$ 本の多重線に分裂し，これらの強度は二項係数の比に従う，というものである．二項係数の比はパスカルの三角形で表され，三重線 (triplet) では 1:2:1，四重線 (quartet) では 1:3:3:1 となる．

図 5.7 に示したそれぞれの拡大図から，これらの比率で分裂していることがわかる．このように，化学シフトは外部磁場により誘起されるプロトン周辺の電子の環境が二次的な小磁場を生じることにより観測される．この小磁場による外部磁場への効果を遮へいと呼び，この分だけ共鳴は高磁場で起こることになる．外部磁場の磁場強度を H_0 とすると，原子核が実際に受ける磁場強度 H は，

$$H = H_0(1 - \sigma)$$

となり，遮へい定数 σ が大きい ^{1}H ほど H_0 を大きくしないと共鳴は起こらない．化学シフトは，核の周囲の電子密度以外にも，電子雲の球対称からのず

図 5.8 ^{1}H の主な化学シフト値

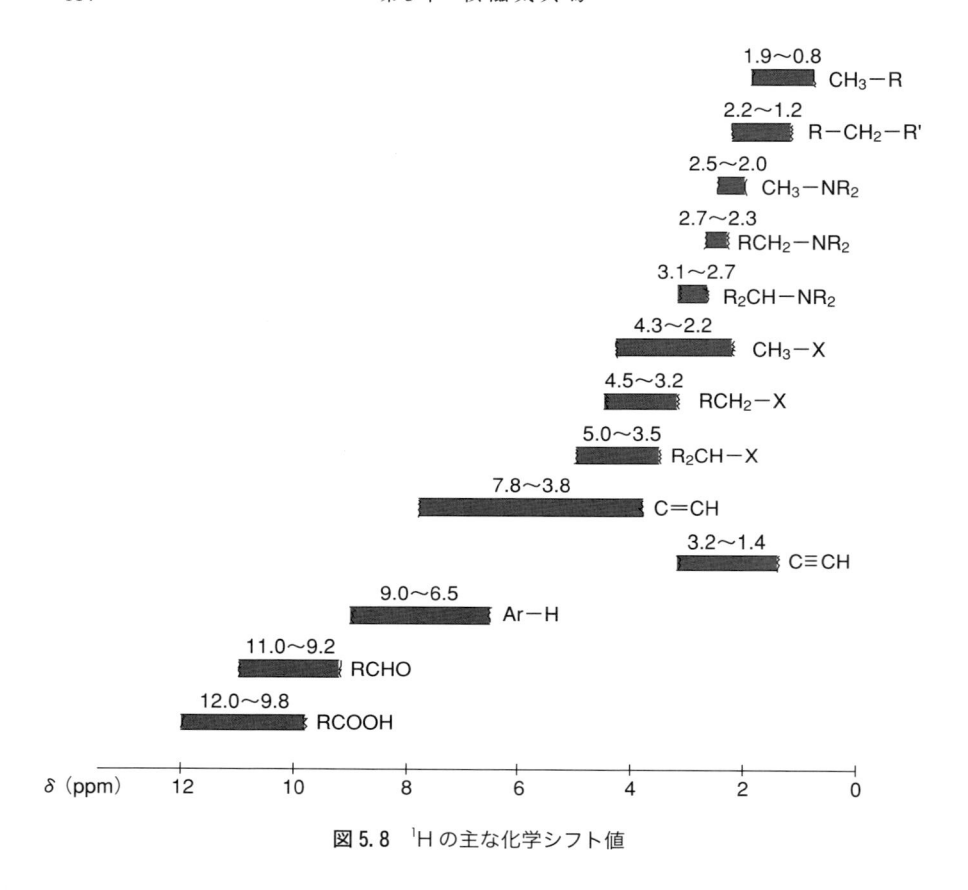

(化学シフト範囲)
- 1.9〜0.8 CH$_3$−R
- 2.2〜1.2 R−CH$_2$−R'
- 2.5〜2.0 CH$_3$−NR$_2$
- 2.7〜2.3 RCH$_2$−NR$_2$
- 3.1〜2.7 R$_2$CH−NR$_2$
- 4.3〜2.2 CH$_3$−X
- 4.5〜3.2 RCH$_2$−X
- 5.0〜3.5 R$_2$CH−X
- 7.8〜3.8 C=CH
- 3.2〜1.4 C≡CH
- 9.0〜6.5 Ar−H
- 11.0〜9.2 RCHO
- 12.0〜9.8 RCOOH

δ (ppm)

れによる常磁性電流や他の原子からの影響，すなわち磁気異方性，さらには環電流や立体効果等の総合的な因子により決まる．これは，有機化合物の構造解析におおいに役立つ．

図 5.8 に ^{1}H の主な化学シフト値を示す．プロトン NMR ではほとんどの化合物が 0〜10 ppm 以内に収まる．10 ppm を超えるものは強い水素結合をもつカルボン酸等で，0 ppm 以下領域では金属化合物や強い環電流を伴う化合物等が観測される場合が多い．一方，シグナルの分裂の原因であるスピン-スピン結合は，隣接する核との相互作用を直接表しており，分裂線の数や

強度分布から多重度を知ることができる．また，分裂線の間隔を周波数 Hz 単位で表すカップリング定数 J は，化学シフトとは異なり外部磁場の強さには無関係である．先に述べた多重線に関する一次則は，化学シフトの差が J 値に比べて充分大きい場合においてのみ成立する．化学シフトの差が小さくなるにつれピークの形が変形し，複雑なパターンを示す高次のスピン結合となる．これを解析するには，より強磁場の装置を用いる必要がある．

5.4 ^{13}C-NMR

^{13}C 核についても同様の手順によって NMR を観測することができる．ただし，^{13}C 核の炭素中の天然存在比は 1.1 % と小さいため相対感度も低く，^{1}H の約 1/5700 しかない．このため通常，高感度を得るためにスピン-スピン結合によるシグナルの分裂を防ぐ完全デカップリング法を用いる．また化学シフトの範囲が 250 ppm と ^{1}H の場合に比べ広がる．^{13}C-NMR から炭素骨格の直接情報が得られることは重要である．

5.4.1 ^{13}C-NMR スペクトル解析

ここではフェナセチンを例に説明する．この化合物は分子量 179.22，わずかに苦味のある粉末であり，解熱剤や鎮痛剤として風邪薬の成分に用いられる薬物である．

図 5.9 にフェナセチンの ^{1}H-NMR スペクトルを示す．この化合物には 8 個のメチル基およびエチル基のプロトン，4 個の芳香族プロトン，そして NH のプロトンと合計 13 個のプロトンがある．これは積分値からも明らかである．次に示す ^{13}C-NMR による DEPT 測定等よりこれらの帰属を検討する．DEPT (distortionless enhancement by polarization transfer) は原子団を区別する分極移動法の一種である．これによりメチル，メチレン，メチンを区別することができる．

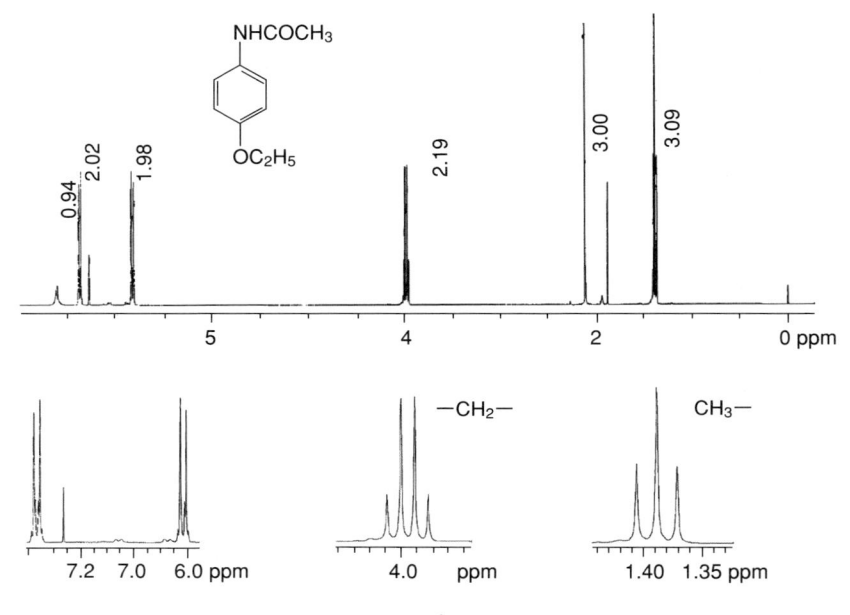

図 5.9　フェナセチンの ^{1}H-NMR スペクトル

図 5.10 にフェナセチンの DEPT 測定により得られたスペクトルを示す．d のスペクトルは完全デカップリング（5.5.1 項参照）による ^{13}C-NMR スペクトルであり，これよりこの化合物の炭素数を知ることができる．次にパルス条件を変えることにより a では CH，CH_2，CH_3 炭素のシグナルのみが，b では CH のみが，そして c では CH と CH_3 が上向きに，そして CH_2 は下向きに現れている．この測定より炭素の帰属を行うことができる．

一方，プロトンの帰属を簡便に行うには二次元 NMR を用いる．図 5.11 に H-H COSY スペクトルを示す．COSY（correlated spectroscopy）とは，^{1}H-^{1}H スピン結合している ^{1}H の相関ピークを観測する手法で，^{1}H のつながりを知ることができる．このスペクトルからは特にエチル基の炭素の相関や芳香族炭素の相関が明らかとなる．

さらに ^{1}H と ^{13}C の相関を知るため，HMQC を測定することができる．

5.4 ^{13}C-NMR

a　CH, CH$_2$, CH$_3$

b　CH

c　CH, CH$_3$ 上向き

　　CH$_2$ 下向き

d　完全デカップル

図 5.10　フェナセチンの DEPT

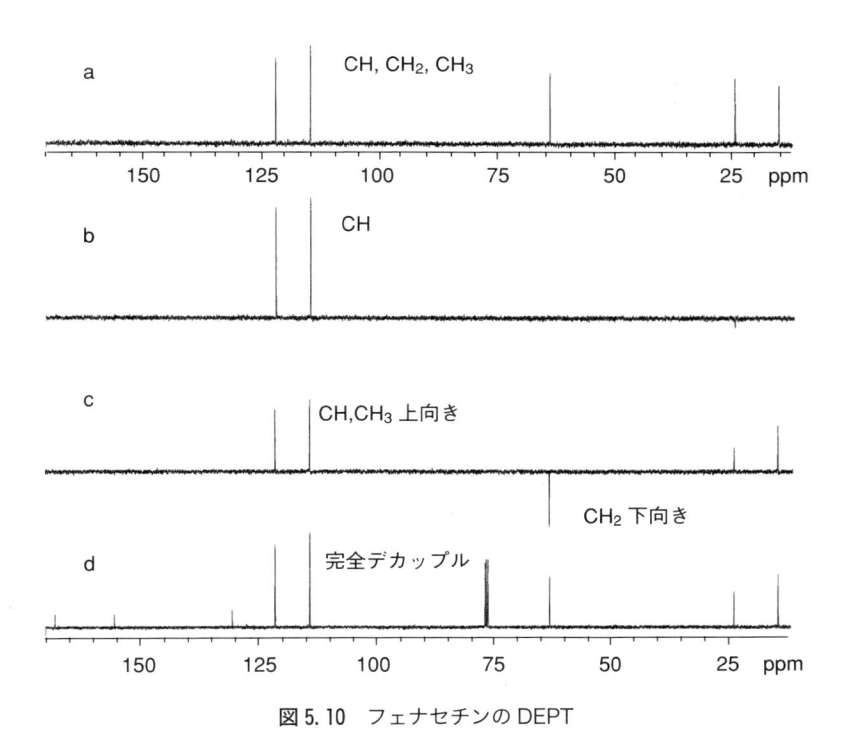

図 5.11　H-H COSY スペクトル

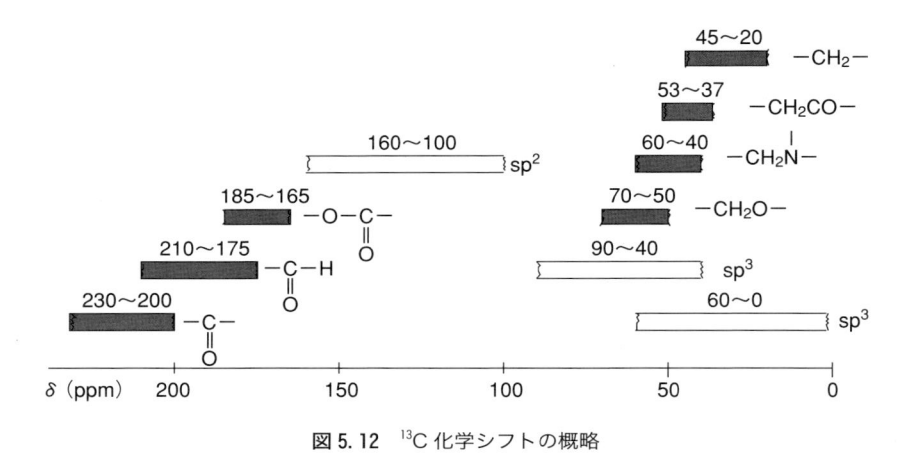

図5.12 ^{13}C 化学シフトの概略

HMQC，すなわち ^{1}H detected heteronuclear multiple quantum coherence（^{1}H 観測異核種多量子遷移）法は，直接スピン-スピン結合している ^{1}H と ^{13}C の相関ピークを観測することにより両方の帰属に役立つ．

5.4.2 ケミカルシフトと構造

^{13}C-NMR のピーク強度は ^{1}H からの NOE（5.5.3項参照）等により大きく影響を受けることが知られている．^{13}C の化学シフトは常磁性効果により決まるが，磁気異方性効果や各種立体効果も影響する．図5.12 に化学シフトを規定する炭素原子の電子状態（sp, sp^2, sp^3）との関連について概略を記述する．

5.5 主要測定技術

5.5.1 デカップリング

得られた NMR スペクトルを解釈する際，注目すべきことは化学シフトとスピン-スピン結合であることは既に述べた．しかしスピン結合の情報を化

5.5 主要測定技術　　　　　　　　　　　　　　　　　　　　119

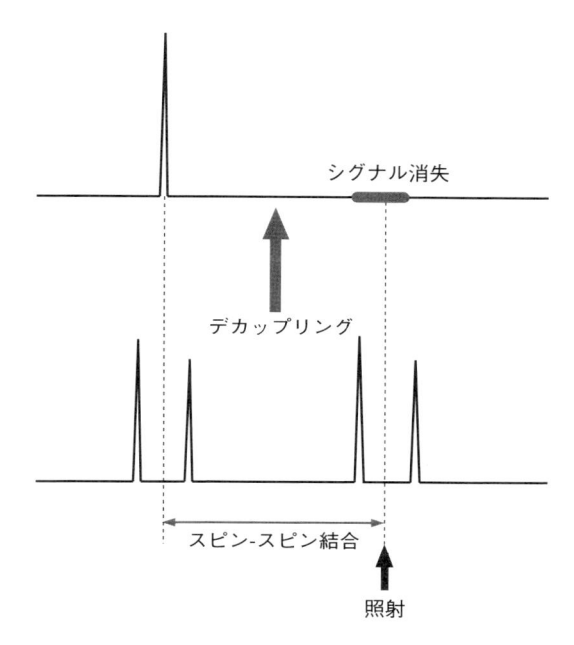

図 5.13　デカップリングとスピン–スピン結合

学シフトと区別するのが困難な場合が多い．これは二次元 NMR が普及するまで大きな問題であった．これを解決する手法がスピンデカップリング（spin decoupling）である．この手法は二重共鳴法とも呼ばれ，NMR シグナルを得るためのラジオ波以外に，もう1つの別の弱いラジオ波を照射するものである．スピン結合している一方の核を高周波磁場で照射しながらもう一方の核の NMR を観測することにより，両核間のスピン結合が消滅してシンプルなスペクトルが得られる．スピン結合している核同士を順次1組ずつ決めて照射を行う選択的デカップリングは，通常モードにより測定した後に実行する．

例えば，図 5.13 に示すスペクトルでスピン結合している2つの核がある場合，デカップルしたい核の化学シフト値を確認し，この周波数のラジオ波

を照射する．この結果デカップルした位置のシグナルは消失し，スピン結合しているもう1つの核に基づくシグナルの分裂がなくなり融合される．

　装置によってはこの他にも，3スピン系以上の複雑なスピン系を明らかとするために2か所以上を同時に照射できるものもある．また，異種核同士のスピン結合についてもデカップリングすることができる．この場合，周波数が広範囲にわたるため，この範囲をノイズのようなラジオ波で一様にカバーすれば一度で異種核間のスピン結合をすべて消すことができる．これをブロードバンドデカップリング（broad band decoupling：BBD）と呼び，^{13}C-NMRでは通常この手法が用いられる．^{1}H-^{13}Cのスピン結合をプロトン照射によりデカップリングする手法，すなわち^{1}H完全デカップルは天然存在比の小さな^{13}Cの観測に頻繁に利用される．^{1}H完全デカップリングでは分裂の仕方で炭素の種類が特定できる．また，最近ではあまり用いられなくなったが，^{13}C-NMR測定で^{1}H核の共鳴周波数からずらした中心周波数でデカップリングを行うオフレゾナンス・デカップリングが知られている．オフレゾナンス・デカップリングでは^{13}Cのシグナルはすべてシングレットになる．

5.5.2　化学平衡と温度

　NMRの大きな特徴の1つに溶液中の動的過程を解析できることがあげられる．NMRで観測できるのはミリ秒から分のタイムスケールで進行する比較的遅い過渡的変化である．しかし低温ではより速い化学交換や錯体生成平衡等が観測される．例えば，A，B2成分からなる平衡状態にある場合，図5.14に示すように，これらは平均化されているため，はじめ1本であったシグナルが温度を下げるに従って徐々にAとBの分子に分裂していく．

　一方，NMRで観測される動的過程にはこの他にも動的平衡にある変換系がある．

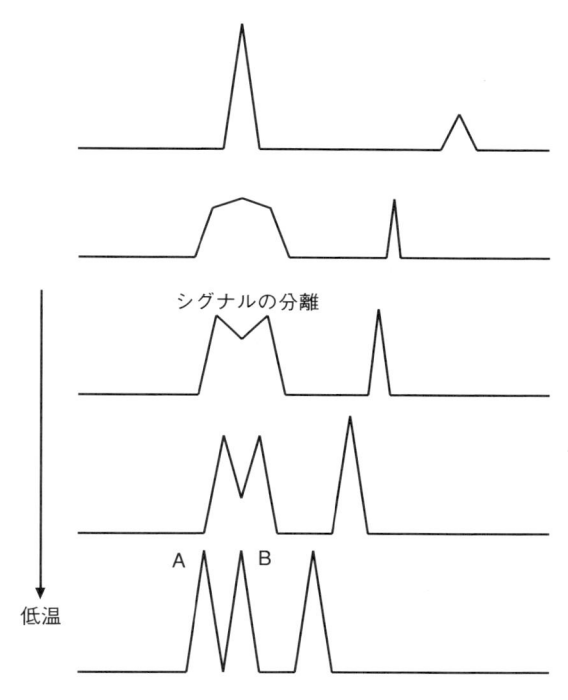

図 5.14　低温による錯体のシグナルの変化

5.5.3　NOE

^{1}H を照射して NMR を観測すると，照射された ^{1}H 核が飽和して近接する ^{1}H 核に影響を与える．この現象を NOE（nuclear Overhauser effect）と呼ぶ．NOE は双極子-双極子緩和機構という過程に基づいているため，スピン-スピン結合を必要としない．すなわち，化学結合していなくても空間的に近接していればこの現象は観測される．したがって，これをうまく利用することにより，原子核間の空間的距離を見積もることができるため，有機化合物の構造解析におおいに利用される．

5.5.4 緩　和

吸収したエネルギーを放出してもとのエネルギー分布にもどることを緩和，relaxation と呼ぶ．この現象は NMR においてエネルギーが吸収されたときの秩序立った状態，すなわちコヒーレントな状態からエネルギーを放出してしだいに無秩序な，すなわちランダムな状態にもどっていく過程であると説明することができる．

NMR 現象を観測しないとき，磁場中に置かれた核スピンは歳差運動しており，その向きはばらばらで位相がそろっていないランダムな状態にある．ラジオ波を照射するとこのエネルギーを吸収し位相がそろい，コヒーレントな状態となる．この状態から吸収したエネルギーを放出する過程を縦緩和（T_1），歳差運動の位相がコヒーレントからランダムにもどる過程を横緩和（T_2）と呼んでいる．実際の緩和はこれら独立した2つの過程が同時に起こっている．

緩和時間は FT-NMR における測定時間に大きな影響を与える．一回の測定時間は観測核の緩和時間により設定する．^{1}H や ^{13}C の緩和時間は数ミリ秒から数分単位である．これ以外の有機構造解析に用いる核種も概ねこの範囲に収まっている．

5.5.5　パルス系列

短時間一定の強度をもつラジオ波であるパルス照射を用いる FT-NMR では，パルスの組み合せにより種々の NMR を観測することができる．このパルスの組み合せをパルス系列と呼び，次のように表示する（図 5.15）．すなわち，横軸に時間をとり，照射するパルスのタイミングやこれらのインターバル，さらに FID の観測等を，時間を追って記述したものがパルス系列である．縦軸の値は一般にあまり意味をもたず，単にパルス等のスイッチング，つまり OFF-ON を示している．通常2つ以上のパルスを，時間をおいて照射したり，また複数の核種に同時にパルスを照射することができる．

5.5 主要測定技術

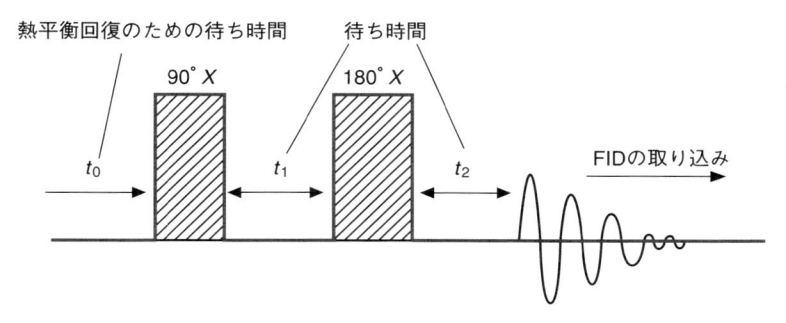

図 5.15 パルス系列
X はフリップアングル (磁化の回転角) を示す.

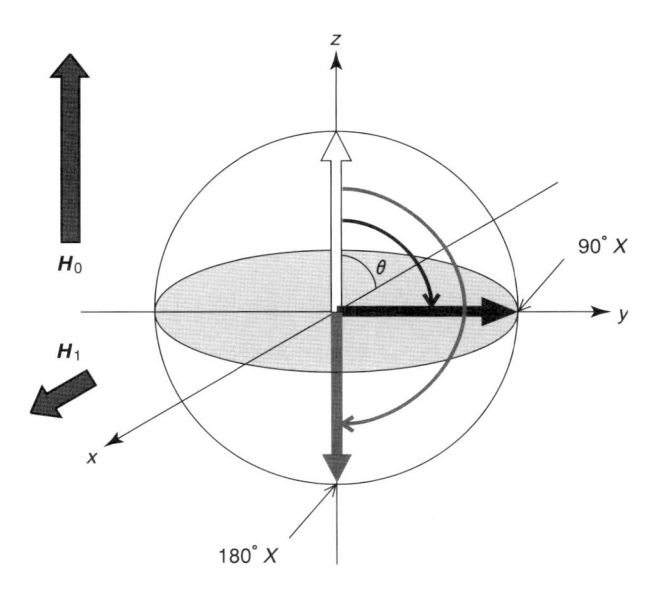

図 5.16 パルスによる磁化の変化
X はフリップアングルを示す.

　パルス照射の様子は磁化ベクトルの位置をもとに考えると理解しやすい. 図 5.16 は外部磁場 H_0 中で熱平衡に達した $I=1/2$ の核の磁化ベクトルを示す. 外部磁場 H_0 によって z 軸に沿って配向した正味の磁化は, x 軸方向

より加えられるラジオ波パルス H_1 により回転し，その照射時間 t_p に応じて異なった回転角 θ をもつことになる．既に述べたように共鳴周波数 ω_p は磁気回転比 γ と外部磁場 H_0 の積となる．したがってパルス照射による磁化の回転角は次式で表される．

$$\theta = \gamma \, H_1 t_p$$

すなわち，磁化の回転角（flip angle）はパルスの照射時間 t_p により調整することができることになる．t_p が緩和時間 T_1，T_2 に比べ充分短い場合はパルス照射中の緩和は問題にならない．

5.5.6 イメージング

NMR の医学への利用という面で近年 MRI（nuclear magnetic resonance imaging），すなわち核磁気共鳴イメージング法が，従来の X 線 CT（X-ray computerized tomography）すなわちコンピュータ断層撮影とともに診断に大きな威力を発揮している．

CT は人体を 360° にわたって X 線ビームで走査し，X 線量の減弱度を正確に測定して画像に表す．体内が輪切りや縦切りの状態で写し出されるので，病変の位置や大きさを確実に把握できる．近年，人体の断面をらせん状に切っていくヘリカル CT も登場している．CT は特に出血の有無を判断するのに有用である．脳浮腫，脳梗塞，脳出血，脳腫瘍，肺癌や腹部臓器の癌，血流障害等の診断に威力を発揮する．ただし，放射線被曝量は X 線撮影に比べて約 10 倍と多い．

MRI はこの CT をさらに発展させたものである．人体を静磁場におき電磁波を照射すると，体内組織中の水素原子核が共鳴して電磁波（MRI 信号）を発生する．この電磁波の強度と発生部位を特定し，断層面を分割して三次元画像化する．この手法は磁場に空間的な勾配（傾斜）を与えることによりプロトンの核スピン共鳴周波数を変化させ，これにより原子核の存在する位

置情報を得ようとするものである．磁場強度勾配を用いれば空間の位置によってスピン共鳴周波数が決まるため，周波数を調べることによりその存在位置を特定できることになる．二次元に展開した場合，面の位置情報は周波数とともにスピンのもつ位相情報をとらえることにより表すことが可能となる．これをスピンワープ法と呼ぶ．この手法を用いれば，縦，横，斜めと生体のあらゆる角度の断面像が得られるので，骨の陰など見逃されやすい部位の病変もとらえることができる．脳，脊椎，腹部，関節などの画像診断に有用である．病変部の微細な変化もとらえることができるので，特に脳の動脈瘤や脳梗塞のスクリーニングに適している．MRI の場合，放射線被曝することがないので安心である．

5.5.7 固体 NMR

NMR 現象は液体試料に限らず固体でも観測することができる．しかし固体では液体にはないさまざまな問題があり，高分解能測定を実現することが難しかった．近年これらの問題の解決が進み，高分解固体 NMR 装置が実用化されるようになった．固体特有の問題として双極子-双極子相互作用がある．この作用により局所的磁場が平均化されないためシグナルが広がってしまう．また分子配向が平均化されていないため化学シフトの異方性が大きく，やはりシグナルは広がる．さらに，固体では液体に比べ分子運動が大きく制約されているのでスピン-格子緩和が起こりにくく，したがって T_1 が長くなる．これらを克服するためマジック角度回転（magic-angle spinning：MAS）や交差分極（cross polarization：CP），およびこれらを組み合わせたCP-MAS 法による固体高分解能 NMR が普及している．

2核間の相互作用は，これを結ぶ線と外部磁場のなす角 θ を 54°44′ とすることにより消滅することが理論的に導かれる．この角度をマジックアングルと呼び，外部磁場に対してこの角度傾けた試料チューブを高速で回転させれば，双極子-双極子相互作用や化学シフト異方性はキャンセルされる．この

手法が MAS である．さらに，^{13}C の磁化を ^{1}H に移動して緩和経路を確保しエネルギーを逃がす交差分極を利用することにより，緩和時間の長い ^{13}C の観測が可能となった．さらに，広い領域をカバーする高出力デカップラーを用いることにより線幅の広がりを押さえることができる．

5.5.8 生体分子への応用

近年，NMR はタンパク質の構造を調べる手法として定着してきている．タンパク質の NMR もこれまでに示した低分子の場合と同様であり，原理や測定法が変わるわけではない．しかし，低分子と異なり多数のプロトンを含む複雑な構造を解析する必要があるため，さまざまな工夫が必要となる．中でも多次元 NMR 解析によるタンパク質の三次元構造の決定が進歩している．NMR スペクトル解析はシグナル間の相関情報を得ることが重要である．二次元 NMR 法は，x, y 軸の直交する 2 軸にシグナルを同時に展開し，相関を示すピークを二次元平面上に記録する手法である．さらに，この二次元スペクトルをもう 1 つの周波数に対して展開する三次元 NMR 法が提案された．実際には，三次元スペクトルの 1 つの平面をスライスして得ることのできるシグナルの重なりの少ない二次元上で解析は行われる．現在ではこれら二次元，三次元 NMR 法がタンパク質解析の定法となっている．

二次元 NMR によって解析を行う場合，タンパク質の一次構造が解明されている必要がある．アミドおよび炭素に結合したプロトンおよび側鎖のプロトン環のスピン結合のネットワークを，^{1}H-NMR の相関を調べることにより解析する．天然存在比の大きい ^{12}C, ^{16}O, ^{14}N は，NMR 信号を示さないか，その測定感度が ^{1}H に比べ極端に小さいため実験に適さない．プロトン間の相関を測定する方法として，磁化移行を利用した二次元 ^{1}H-^{1}H COSY 法あるいは isotopic mixing を利用した二次元 ^{1}H-^{1}H TOCSY (total correlation spectroscopy) 法が用いられる．多数の NMR シグナル群からネットワークを形成するグループを探し，このピーク群の残基番号を解析する目的

で ^1H-^1H NOESY 法が用いられる．NOESY は隣接アミノ酸間の核オーバーハウザー効果（NOE）による結びつきを示す相関ピークを与える．NOE は 1 つの共鳴を飽和させたときに他の共鳴シグナルの強度が変化する現象であり，空間的に近い水素核のシグナルが増大することにより水素核間の相対配置に関する情報が得られる．

この手法により，25 残基程度のポリペプチドであるカゼインホスホペプチドをはじめ多くのペプチドが解析されている．さらに，NMR 測定から得られるプロトン間の距離測定法等から計算化学による立体構造解析を精密化し，さらに可視化する手法が近年コンピュータの進歩とともに発展している．

この NOE に基づくディスタンスジオメトリー法の導入等によりこれらの基礎を築いたスイス連邦工科大学および米スクリプス研究所のビュートリッヒ（K. Wüthrich）は，ESI-MS を開発したフェン（J. B. Fenn）および MALDI-TOF（3.3.3 項参照）の基礎を築いた田中耕一とともに，生体高分子の構造解析法の確立の功績により 2002 年のノーベル化学賞を受賞した．

ビュートリッヒは，生体高分子の構造とダイナミクスに関する情報をありのままに解析できる NMR を用いた先駆的な研究を行った．タンパク質のある固定された位置を系統的に帰属する一般法を開発し，さらにこれらの位置間の距離を求め，この情報をもとに生体高分子の立体構造を計算する手法を確立した．現在この手法によりさまざまなタンパク質の立体構造が解析されている．

1 つの発見か，それとも 2 つか？

核磁気共鳴（NMR）と核誘導（nuclear induction）が同じ現象を観測していたことは，すぐには明らかにならなかった．最初の論文に表現された言語と，2 つのグループの理論的アプローチは，根底に流れる物理学を多少なりとも覆い隠していたように思える．初期段階で，スタンフォード大学のグ

ループが発散モードについて報告したのに対して，マサチューセッツ工科大学のグループは吸収について研究していた．

　パーセルは1912年米国イリノイ州に生まれ，パーデュー大学で電子工学を専攻し，そしてハーバード大学で物理学博士の学位を得ており，NMR現象の発見の他にも，マサチューセッツ工科大学での研究で電波天文学へも貢献している．彼は高周波エネルギーの共鳴吸収に着目し，これを nuclear magnetic resonance，略して NMR と呼んだ．一方のブロッホは1905年スイスのチューリッヒ生まれで，チューリッヒ工科大学で物理学を学び，その後ドイツのライプニッツ大学で物理学博士となった．1936年スタンフォード大学教授となり，マンハッタン計画にも参加している．彼は，NMR現象を発振コイルから誘導する nuclear induction と呼んだ．これは重要な物理現象である free induction decay (FID)，つまり自由誘導減衰の語源となった．

　このように，二人の学者はほぼ同時に，まったく別の環境で，物理学はもとより，化学や生物学にとっても重要な現象を独立に発見したのである．

　根底に流れる物理学によって統一された後も，長く2つの手法の名称について議論され続けることがしばしば科学の分野で起こりうる．ブロッホはあるとき「核誘導」という言葉を使うよう提案した．それは，おそらく彼の実験技術によって初めて誘導信号を観測できたからであろう．

　……あるときブロッホは研究室の部下全員を地下室に集めた．「私はパーセルに会って話し合った」と説明した．「物理学で一般に用いられる名称を統一することは重要なことである」，そして「この現象はNMRと呼ばれるようになるであろう」と彼は結んだ．彼自身の発見である「核誘導」という言葉に強い愛着をもっていたであろうに… (D. M. Grant, R. K. Harris：『Encyclopedia of Nuclear Magnetic Resonance －Historical Perspectives－(Vol. 1)』John Wiley & Sons (1996) より引用)

演習問題

[1] NMRにおける化学シフトについて簡単に説明せよ．
[2] NMRにおけるスピン-スピン結合によって何がわかるか．
[3] ^{1}H-NMRがCW法からFT法へと移り変わった理由を説明せよ．
[4] ^{1}H-NMRの測定過程を順を追って説明せよ．
[5] NOEとは何か説明せよ．
[6] 縦緩和（T_1）と横緩和（T_2）の違いについて説明せよ．

第6章 連携機器分析と構造解析の未来

本章では機器分析の融合技術について学び，種々の分析機器を組み合わせることによって精度の高い構造解析や分析が行えることを理解する．さまざまな溶媒濃縮法について学ぶことによってHPLC–MSの連結の困難さと利用価値の高さを理解する．さらに，ポストゲノム科学，ナノテクノロジー等最先端の研究領域では，質量分析，NMR，X線解析および関連機器分析を駆使した研究が近年精力的に進められている事実を認識する．これらを通して，先端構造解析研究に触れ，さらに大型物理分析装置の開発の現状や将来への展望について知識を深める．

近年の機器分析において，特定の装置を用いて単独で構造解析に当たる事例は減少している．これは分析対象が多岐にわたり，また安定性が低く構造も複雑化の傾向があることに起因する．一方，分析機器の進歩は著しく，分析精度や速度，そして範囲の拡大等，技術開発も日進月歩である．複雑化した分析や構造解析を効率的に行うため，種々の大型機器分析を連結した連携機器分析が注目されている．本書で解説した大型機器である質量分析（MS），X線解析（X-ray），そして核磁気共鳴（NMR）装置を連携して構造解析を行う手法の活用は既に有機構造解析の分野では一般的であるが，最近では，これらを直接連結しオンラインで解析する装置も登場している（図6.1）．

ここではこのような分析装置の連結による新しい融合機器分析の確立や，これを完成させるそれぞれの先端機器分析の将来について述べる．

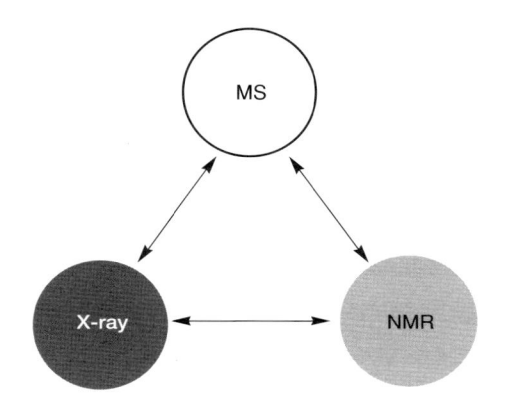

図 6.1 MS，X-ray，NMR の連携

6.1 分離分析と大型機器の連結

　分析機器の連携に関し，よく知られているのは分離分析との連結である．特に MS と分離分析との連結は歴史も古く，ガスクロマトグラフィー（GC）と連結した GC-MS や高速液体クロマトグラフィー（HPLC または LC）と連結した LC-MS は既に普及している．これは MS が単分子において最良の分析結果をもたらすことに起因している．MS ではイオン化効率の問題から多成分を同時にイオン化することが一般に困難で，この場合多種のイオン同士が干渉し合う，いわゆるイオンサプレッションによりイオン強度が不規則に減少する．これを防ぐためには MS 導入前に試料を単一化合物に精製する必要がある．このため各種クロマトグラフィーを用いる．現在知られている主な複合装置として，GC-MS，LC-MS，LC-NMR，LC-MS-NMR 等がある．この中で LC-MS を紹介する．

　GC-MS において，キャリアガス除去・濃縮が必須となるのに対して，LC-MS では多用される水等の揮発性の低い極性溶媒の分離・濃縮法の開発が重要となる．すなわち，LC と MS の連結を考えるには次に述べる非両立性を

考慮する必要がある．LC は 6000 psi（ピーエスアイ）（$= 421.9\,\mathrm{kgf/cm^2}$）以上の高圧溶媒中で分離を行うのに対し，MS は 10^{-7} Torr 以下の高真空中で分析を行うものである．これら 2 つの装置を連結し，オンラインで分析を行うことの困難さは容易に想像できよう．具体的にこの非両立性をあげると次のようになる．すなわち，最大の相違点として①LC は液相を取り扱うのに対して MS では気相を取り扱う．②LC は通常室温で用いるが MS のイオン化では加熱され 100～300 ℃ となる．③LC ではほとんどすべての溶媒を用いることができるが，MS では次の事項が要請される．すなわち，すべての溶媒や緩衝液に対応し，イオン対等を許容し，揮発性を問わないこと，さらに，毎分 2 mL 程度までの流速に対応できる，という過酷な条件に耐えうる仕様が求められる．これに対して，MS 側からはガス状態で毎分 20 mL 以下のイオン源導入量であることが要求される．MS は大変高感度な分析法であり，原理的には 100 個のイオンがあれば検出することができるとされている．さらに 200 ng の試料があれば全質量領域のスペクトルを得ることができる．これらを総合して種々の LC-MS インターフェイスが設計され，あるものは実用化されてきた．特にその初期段階でベルト・ワイヤー方式，直接溶液試料導入方式，そしてサーモスプレー等が提案された．

移動ベルト・ワイヤー法

LC-MS 開発の初期過程において，バッチ処理からオンライン処理への転換点に位置するのがベルト・ワイヤー法である．当初，長い金属製のワイヤーに試料を連続的にコーティングして質量分析計へ導入することによってオンライン分析ができることが示された．その後ワイヤーの両端を結び周回させることにより，効率的に分析できる移動ベルト・ワイヤー法が確立された．この方式はそれ自体溶媒濃縮機構を兼ね備え，比較的多量の溶媒を導入することができる．効率のよい差動排気機構を組み合わせれば高真空を維持したまま測定を行うことができる．しかしインターフェイス全体は加熱されてお

り，熱に不安定な化合物の分析は一般に困難である．主にステンレスを用いたベルトが毎分2～3 cm の速度でイオン源と試料添加点の間を結んで周回している．ベルト駆動部を通過した直後，LC から導入された溶液試料はベルトに噴霧等により添加され，イオン源へと運ばれるまでに徐々に減圧され，溶媒は気化してしだいに濃縮される．EI の場合，イオン源中心にはフラッシュヒータが置かれ，これにより急激に過熱されて試料が気化する．FAB ではイオン源中心でキセノンビームを照射してイオン化する．この方式の利点は，① 多量の送液が可能，② EI，FAB，CI を用いることができる．③ CI 反応ガスに制約がない．④ 比較的シャープなクロマトグラムを得ることができる．⑤ 揮発性バッファーを用いることができる．⑥ 2種以上の溶媒を用い，混合比を変えながら測定するグラジエント分析が可能となる．その一方，低分子量領域の測定が困難であり，リサイクルに起因するバックグラウンドの問題等が指摘される．

直接溶液導入法

送液された試料溶液はその一部としてスプリットされ，プローブ先端からジェット流として脱溶媒チャンバーに導入され，イオン化室へと導かれる．この方式の長所は水を 70 % 以上含む溶媒系にも対応できることである．さらに，溶媒を介して気化が起こるため熱に比較的不安定な化合物にも適用できる．また構造がシンプルで安価に製造できる．欠点としては，ジェット流をつくるダイアフラム（プローブ先端のディスク状プレート）がつまりやすいことや，不揮発性バッファーが使えないこと，さらに LC の流速を極端に低速に設定しなければならないこと等があげられる．

粒子ビーム法

直接溶液導入法に類似したミクロ LC を用いる簡素なインターフェイスとして粒子ビーム法が知られている．この方式はスプレー法の一種とも考えら

れる．このインターフェイスは気化，噴霧する導入部分と比較的容積の大きな脱溶媒チャンバー，および慣性分離部より構成される．本法では溶液試料にヘリウムガスを加えて霧をつくり脱溶媒室に導入する．予備的に濃縮された試料はノズルを組み合わせた分離部へと導かれる．試料はノズルとスキマーから構成される慣性分離部，すなわちモーメンタムセパレータを通過し，このとき質量の小さな溶媒分子と大きな試料分子を分離するしくみである．イオン化法としては EI や CI が適している．噴霧するときイオンを生成しない点で一般のスプレー法と区別される．

溶離ジェット法

粒子ビーム法の改良型として溶離ジェットインターフェイスが提案されている．この方式では，従来の拡散噴霧とは異なり，試料溶媒を小さくまとまった液滴状のジェットとして決められた部位に正確に導入することができる．このため拡散噴霧に起因する粒子ビーム法の欠点である低濃度での不安定さ，定量性の低下をある程度克服することができる．ネブライザー（気化器）として機能する石英チューブの先端に取り付けられた金属リングを，脱溶媒チューブの外側に巻いてある誘導コイルに流れる高周波電流により加熱する．これにより安定した液滴流を得ることができる．このインターフェイスはピコグラムオーダーの検出感度を有する優れた性能を備えている．

フリット法

溶媒量の極端に少ないミクロ LC の溶出液を質量分析計へ導入するフリットインターフェイスは，直接溶液導入法の一種に分類される．フリットは多孔質のステンレス鋼でできたメッシュプレートであり，LC 導入管の先端に装着され，イオン源の中央に挿入される．この手法は当初 FAB によるイオン化を主体に考えられた．LC 溶媒はフリット先端のターゲット上にしみ出し，この表面で濃縮される．この部分は常にキセノンビームに曝されるため

リフレッシュされ,バックグラウンドとして残留するメモリー効果が少なく,連続的に測定することが可能となる．ただし,マトリクスはあらかじめ LC 移動相溶媒に加えておかなければならない．LC 分離に影響を与える場合はポストカラム法により質量分析計へ導入する直前で混合する．この手法を応用し,内部標準物質を導入することにより精密質量測定を行うこともできる．このようにフリット法は種々の分析法に対応し,また水溶性化合物から脂溶性化合物まで幅広い分析が可能である．さらに,フリットを加熱し,試料を気化することにより,EI, CI を行うことも可能であり,実用性の高いインターフェイスとして注目されている.

スプレー法

スプレー法(噴霧法)は先に述べた直接溶液導入法等各種 LC インターフェイスに見ることができる．これは溶媒除去の定法として定着しているが,近年この噴霧過程に起因してイオン化が進行することが見出され,おおいに利用されるようになった．この発見は歴史的に見ても偶然によるものが支配的であると考えられる．当初,溶媒除去の開発段階において温度,真空度等さまざまな条件が検討されていた．また,これらの装置では電子イオン化(EI)が主流であった．偶然にも,加熱噴霧の実験中,イオン源フィラメント回路を遮断した後もイオンが観測され続けたことを発見し,これがサーモスプレー(thermospray ionization:TSP)開発の発端になったといわれている．このようにスプレーイオン化法は濃縮とイオン生成を同時に達成することができる実用性の高い手法であるが,より効率的なイオン生成を目指しさまざまな手法が登場している．基本的には,試料溶液の液滴の気化による急激な濃縮のために電荷の偏りや濃縮が促進され,試料のイオン化が起こると考えられる．この液滴の凝縮による電荷の偏りを誘発するためには,溶媒を工夫したり,液滴生成段階で外部より物理的ストレスを加えなければならない．これが本手法が多岐にわたる理由である．

サーモスプレーの構造は比較的シンプルであり，メンテナンスしやすい．LCの溶出液は加熱され，イオン引き出しコーン（オリフィス）近傍に勢いよくスプレーされる．スプレー方向とイオン加速方向は直交し，多量の溶媒が質量分析計に導入されないよう配慮してある．このインターフェイスでは，① 90 % 近くの水を含む溶媒を多量に（毎分 2 mL）導入することができ，各種バッファー存在下で分析が可能である．また，本法は② ソフトなイオン化法であり，比較的不安定な化合物にも適用でき，③ フィラメントを必要とせず，④ 溶出液をスプリットすることなしに導入することができる等の利点を有する．一方，欠点としては，① 化合物によってはまったくイオン化されないものもある．② 0.0001 ～ 0.1 M の揮発性共存塩によって試料溶媒の初期電荷を調整する必要があり，したがって非極性溶媒を用いる順相系のLC溶媒を用いることができない．③ 少なくとも毎分 0.5 mL の流速がないとイオン化が進行しない．④ 再現性に乏しく，定量分析には不向きである．さらに，⑤ 解裂ピークはあまり観測されず，⑥ グラジエント分析ができない等をあげることができる．サーモスプレー法は，前述の通りエレクトロスプレー法をはじめとする一連のスプレーインターフェイスへと発展していくための重要な手法の1つとして評価できる．

このスプレー法に分類されるイオン源として，既に質量分析（3.3節参照）で紹介したESIやAPCI等の普及型スプレーイオン源が存在する．このようにLCとの接続に関して見ただけでも数々の接続法が提案されている．

6.2 単独機器分析の壁と機器分析の連携

LCとMSを接続することにより多成分の分析が困難であるというMSの欠点を補うLC-MSの他にも，連結することにより相乗的な分析結果が期待される手法がある．NMRは本来溶液中での有機化合物の構造解析手法であり，多成分にもある程度対応する．しかしLCとの接続により，より確度の

高い，また効率的分析が行えるようになった．連携機器分析は分離手法との組み合せにとどまらず，他にもさまざまな連携様式が考えられる．先に述べたが，オンライン接続ではなくても MS，X-ray，および NMR を結びつけてそれぞれの構造情報の相補性を利用して解析に当たることが重要となる．例えば，溶液中で非共有結合性相互作用による弱い力で会合している状態を観測する際，ソフトイオン化に基づく MS や溶液分析法である NMR，さらには X-ray による結晶構造でさえ溶液中での構造を推定する助けとなる場合が多い．これらが連携することにより単独では なしえなかった確度の高い構造解析を行うことが可能となる．しかし，ここで対象となる 3 種の大型分析機器である MS，X-ray，NMR 装置は本書で既に紹介したように，それぞれ長い歴史と専門の研究者らによる技術開発のうえに成り立っている．現状ではこれらの装置を横断的に把握する優れた専門家が少ないこともまた事実である．しかし今後これらの異分野の分析技術を総合的に取り扱うことのできる研究者が増えると予想されるので，連携分析の発展に疑う余地はない．

6.3 質量分析－X 線解析－核磁気共鳴

将来の展望として，大型分析機器の連携もさることながら，それぞれの機器の開発に関する新展開も注目に値する．ここでは質量分析（MS），X 線解析（X-ray），核磁気共鳴（NMR）について期待できる新技術を紹介する．

質量分析

生体分子の構造解析に関し，ESI-MS や MALDI が顕著な成果をあげてきたことは事実であり，その原理や構造については既に述べた（3.3 節参照）．これらソフトイオン化は比較的弱い結合に基づく繊細な構造を観測することに貢献している．一方，千葉大学分析センターでは，溶液観測用の新手法であるコールドスプレー質量分析法（CSI-MS）を開発した．これにより，生体

分子の溶液中での会合状態を検出することができるため，生化学への応用が期待される．

　分子の溶液中での真の姿は未だ解明されていない．水ですら液体での水素結合の様子は完全に理解されていないのである．ましてや複雑な生体分子の溶液中での振る舞いを精密に解析することなど，夢のまた夢のように思われる．これは，分子間の極端に弱い相互作用をもとに構築された高次構造体を無侵襲で解析する物理的困難さに由来する．生命機能を解明するカギが隠されているかもしれないこの領域に踏み込み，さまざまな生体分子の溶液中の挙動を明らかとすることが CSI-MS による分析の目的の 1 つである．

　質量分析（MS）はイオンを観測する手法であるため，正確には溶液中のイオンの振る舞いを見る手法である．分子をイオン化して高真空中に取り出しエネルギー分析を行う過激な MS の原理を思い浮かべると，溶液中の壊れやすく複雑でデリケートな会合体にはとても適用できそうにない．実際，歴史的に見ても MS の化学への利用は同位体分析を起点としており，これに用いられた放電イオン化は共有結合をも容易に開裂させるほどであった．

　CSI-MS はこれとはまったく発想を異にする．溶液中での微妙な電荷の偏りを冷却による誘電率の上昇に基づいて増幅し，ただ 1 価の帯電種すなわちイオンを生成することを目指している．低温下生成したこのイオンを含む溶液は噴霧拡散され段階的に減圧され，高真空中短時間に質量分離される．この手法では溶液試料にほとんどストレスが掛からないため，水素結合に代表される非共有結合性の弱い相互作用が分析の際も保存される．

　一方，対比される溶液イオン化法に 2002 年ノーベル化学賞を受賞したフェンのエレクトロスプレーイオン化法（ESI）があるが，この方法では多くの場合，イオン化に必要とされる加熱によって，弱い相互作用の崩壊が進行するため真の挙動を観測できない．

　図 6.2 に，徳島文理大学に設置されている 9.4 T の超電導磁石によるフーリエ変換質量分析装置に，スプレーを冷却することにより最もソフトな条件

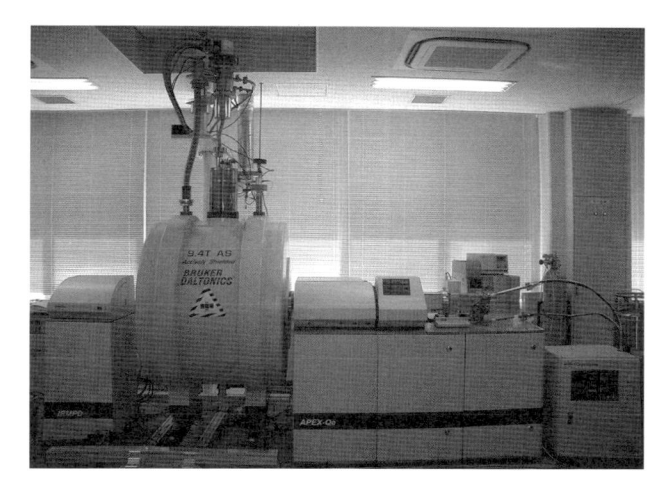

図 6.2 フーリエ変換型 CSI-MS

でイオン化できるクライオスプレーを装着した FT-ICR/CSI-MS を示す．

X 線解析

適当な大きさの単結晶に X 線を照射し，散乱を X 線フィルムに記録することができる．このとき，フィルムに写るパターンは結晶を構成している原子・分子の三次元構造を反映している．つまり，回折実験より得られる回折波の方位と強度から結晶の構造を解析するのが X 線解析であり，その詳細は既に述べた (4.1 節参照)．

X 線解析は，従来測定に要する時間が著しく長いという宿命に甘んじてきた．この時間分解能を改善するために，さまざまな努力がはらわれてきた．この中で最も注目されるのが，東京工業大学 谷村 達研究室と大橋裕二 研究室で共同開発された希ガスイオン化検出器 MSGC システムである．

MSGC (micro strip gas chamber) 検出器とは，絶縁体ポリイミドの薄い基盤 (10 cm × 10 cm) の表と裏に縦と横方向に細い信号線 (micro strip) をプリント配線し，高圧を掛けられるようにしておき，その基板をキセノンガ

スが充満した箱（gas chamber）の中に入れたものである．この検出器に到達したX線は，希ガス分子と衝突して電子とXe^+を放出する．放出された電子を，縦と横の信号線で検出することで，二次元の位置情報を得ることができる．ちょうど，放射線量を測定するガイガー・カウンターを二次元の平面に敷き詰めたようなものである．電子が到達したときの時間情報と合わせて，コンピュータにX線のフォトン1個ずつの情報を記録する．この情報を迅速に正確に読み取るために，新たに高速信号処理回路をも開発している．

放射光からパルス状にでるX線を線源とし，MSGC検出システムと組み合わせて，200ミリ秒で全反射データを集めることに成功している．まさに結晶中での励起状態の構造や，結晶中で起こる反応の過程を追跡することができる時間尺度に入ってきている．

この他にも注目すべき技術革新がある．結晶の自動センタリング機構を搭載した自動X線解析システムである．ゴニオメータヘッドに取り付けられた単結晶のセンタリングは従来，人間の目で慎重に行われてきた．結晶の外形や大きさにより重心の位置を推定するこの操作は，ある程度熟練が必要である．最近これをレーザー光を用いたモニタリング機構と組み合わせて自動的に行う装置が開発された．さらにこの装置に結晶を自動マウントするロボットアームを組み合わせた自動結晶解析システムが開発されている．これにより従来人間の勘と経験に頼っていて自動化が困難とされてきた結晶マウントが自動化され，さらに解析データから自動的に構造を解析するソフトウエアとの組み合せにより総合的な自動解析が可能となり，コンビナトリアルケミストリー等への応用が期待される．自動センタリング機構および結晶マウント用ロボットアームを備えた自動解析装置を図 6.3 に示す．

核磁気共鳴

NMRにおいて感度の向上は測定に要する時間の短縮につながる．Hz 単位の線幅が一定の場合，分解能は磁場の強さB_0に比例する．この効果はス

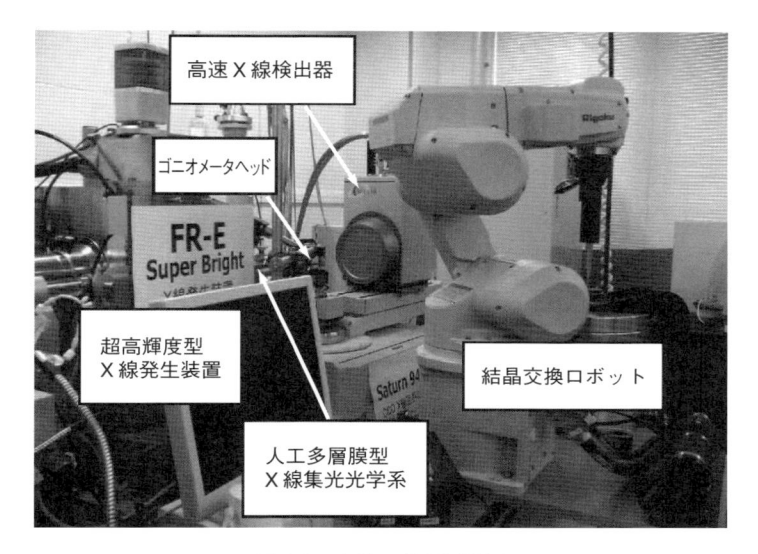

図中ラベル:
- 高速X線検出器
- ゴニオメータヘッド
- FR-E Super Bright
- 超高輝度型X線発生装置
- 人工多層膜型X線集光光学系
- 結晶交換ロボット

図6.3 自動X線解析装置
(写真は株式会社リガクより)

ペクトルの次元によって増幅されるので，二次元，三次元のNMRスペクトルではさらに重要となる．NMRシグナルの感度は，遷移が関係するスピン副準位に分布するスピンの数の差に比例する．スピン副準位の間のエネルギー差はラジオ波領域という小さいものなので，ボルツマン統計で規定されるスピンの数の差は極めて小さい．磁場 B_0 が強くなると，この差は拡大し感度が上がる．そうなると一定のS/N比のシグナルを得るのに要する時間は B_0 の三乗に比例して減少する．

この他にも，高磁場で恩恵を被るNMRパラメータがある．例えば，緩和のパラメータの磁場依存から動力学を明らかにし，超高磁場での多重接触交差分極 (multiple contact cross polarization) を使って感度を2〜4倍にすることができる．高磁場下では，スピン間のスカラーカップリングの大きさは化学シフトに比べて小さくなるので，スペクトルは単純化する．磁化率の効果は B_0 の二乗に比例して増大するので，MRIは分解能と感度が向上し，反

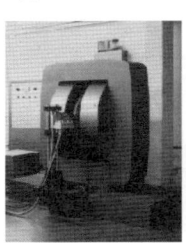

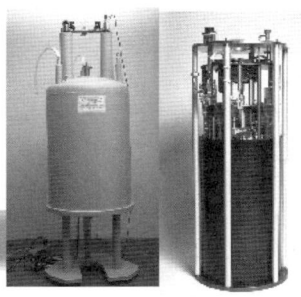

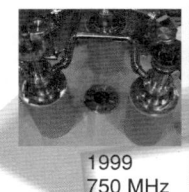

図6.4 NMRマグネットの変遷
(写真,トレードマークはブルカー・バイオスピン株式会社より)

磁性分子でも多少磁気配列を起こし構造上の制約を大きく受けるようになる.

このようにNMRの性能(感度と分解能)は磁場の強度に比例する.現在ではプロトン核の共鳴周波数で900 MHz以上の装置が実用化されている.今後さらに巨大化し,性能が飛躍的に向上する可能性を秘めている.図6.4にマグネットの磁場増加の歴史について示す.

地球大気圏外から飛来したアデニン

　生命の起源探求の主要な到達点は，最初の生命が地球上に出現する前に存在した化学物質や環境条件での，アデニンをはじめとする核酸塩基合成のメカニズムを解明することにある．可能なアデニンの前駆体は宇宙に存在することが知られており，またアデニン自体も彗星や隕石から検出されている．米国コロンビア州ミズーリ大学のグラサー（R. Glaser）らは，気相化学的論理モデルを使って宇宙におけるアデニンの精製機構を推定した（*Astrobiology*, 7(3), 455(2007))．最も確からしい経路は前駆体であるアミノイミダゾールカルボニトリルからアデニンへの4段階環化反応を経由することである（図）．

　カギとなる反応のステップで触媒を必要とせず（基本的に活性化障壁が存在しない），さらにこれは可逆的である．この反応機構はアデニンの宿命である蓄積されやすいという事実を暗示している．結局は生命過程の中心的分子種となるからであろうとグラサーはいう．もしアデニン生成が地球大気圏外で行われるとすれば，同様にして生命はそこら中いたるところにあふれ出したのであろう，と彼は付け加える．これははたして，現在の生命が地球上ではなく他の天体から飛来したものである可能性を示唆しているのであろうか？　地球外生命の存在に関する夢や謎は尽きない．
（参考：米国化学会，*Chemical & Engineering News*, 85(32), 33(2007))

図　アデニンの生成

演習問題

[1] 質量分析装置の中でイオン源に求められることは何か．それは構造解析においてどのように貢献するか．
[2] X線解析において現在でも依然として残る技術的な問題とは何か．それが克服されるとどのような効果があるか．
[3] NMR装置で性能を向上させる手段とは何か．現在どの段階まで到達しているか．また，何のためにどこまで進歩する必要があるか．

さらに勉強したい人たちのために

＜第2章＞

保母敏行 監修:『高純度化技術大系 第1巻 －分析技術－』フジ・テクノシステム（1996）.

宮澤辰雄・荒田洋治 編:『NMR －総説と実験ガイド［Ⅱ］－』南江堂（1983）.

中村 洋 編:『基礎薬学 分析化学 Ⅱ』第2版, 廣川書店（2003）.

田原太平:『実験化学講座9 物質の構造 Ⅰ 分光 上』第5版, 丸善（2005）.

宇田川康夫:『実験化学講座10 物質の構造 Ⅱ 分光 下』第5版, 丸善（2005）.

石津和彦 編:『実用 ESR 入門 －生命科学へのアプローチ－』講談社（1981）.

＜第3章＞

M. L. Gross, R. M. Caprioli:『The Encyclopedia of Mass Spectrometry (Vol. 6) －Molecular Ionization Methods－』Elsevier（2007）.

丹波利充 編:『ポストゲノム・マススペクトロメトリー －生化学のための生体高分子解析－』化学フロンティア, 化学同人（2003）.

J. H. グロス:『マススペクトロメトリー』日本質量分析学会出版委員会 訳, シュプリンガー・ジャパン（2007）.

A. E. Ashcroft, G. Brenton, J. J. Monaghan:『Advances in Mass Spectrometry (Vol.16)』Elsevier Science（2004）.

E. D. Hoffman, J. Charette, V. Stroobant:『Mass Spectrometry －Principles and Applications－』John Wiley & Sons（1996）.

R. B. Cole:『Electrospray Ionization Mass Spectrometry －Fundamentals, Instrumentation, and Application－』John Wiley & Sons（1997）.

E. Gelpi:『Advances in Mass Spectrometry (Vol. 15)』John Wiley & Sons（2001）.

原田健一・岡 尚男:『LC/MS の実際 －天然物の分離と構造決定－』講談社（1996）.

<第4章>

T. Hahn：『International Tables for X-Ray Crystallography (Vol. A-F)』5th ed., Springer (2005).

G. H. Stout, L. H. Jensen：『X線構造解析の実際』飯高洋一訳，東京化学同人 (1972).

角戸正夫・笹田義夫：『X線解析入門』第3版，東京化学同人 (1993).

平山令明：『化学・薬学のためのX線解析入門』丸善 (1998).

佐々木義典・山村 博・山口健太郎・五十嵐 香・掛川一幸：『結晶化学入門』基本化学シリーズ12，朝倉書店 (1999).

S. L. Bragg：『The Development of X-Ray Analysis』Collins Educational (1975).

大橋裕二：『X線結晶構造解析』化学新シリーズ，裳華房 (2005).

桜井敏雄：『応用物理学選書4 X線結晶解析の手引き』裳華房 (1983).

<第5章>

D. M. Grant, R. K. Harris：『Encyclopedia of Nuclear Magnetic Resonance (Vol. 1-9)』John Wiley & Sons (1996).

R. M. Silverstein, D. J. Kiemle, F. X. Webster：『有機化合物のスペクトルによる同定法 －MS, IR, NMR の併用－』荒木 峻・益子洋一郎・山本 修・鎌田利紘訳，第7版，東京化学同人 (2006).

安藤喬志・宗宮 創：『これならわかる NMR －そのコンセプトと使い方－』化学同人 (1997).

野口博司：『ユーザーのための NMR』廣川化学と生物実験ライン45，廣川書店 (2002).

M. Hesse, H. Meier, B. Zeeh：『有機化学のためのスペクトル解析法 －UV, IR, NM, MS の解説と演習－』野村正勝・三浦雅博・馬場章夫訳，化学同人 (2000).

L. M. Jackman：『核磁気共鳴 －その有機化学への応用－』現代化学シリーズ12，清水 博訳，東京化学同人 (1962).

D. Shaw：『Fourier Transform N.M.R. Spectrometry』Elsevier Science (1976).

T. C. ファラー・E. D. ベッカー：『パルスおよびフーリェ変換 NMR －理論および方法への入門－』赤坂一之・井元敏明 訳，吉岡書店 (1976).

演習問題解答

第1章

[1] 化学は物質の構造，性質，そして反応の3つの柱からなる．物質の構成元素や組成を調べ，原子の配列から分子構造を論じることが化学における構造解析の重要な役割といえる．

[2] X線結晶解析と電子顕微鏡が分子の形を直接とらえることができる．他の多くの方法は，主に電子構造という間接的情報より分子の性質を明らかとするにとどまるのに対して，これらの手法では分子の全体像をとらえることができる．

[3] 低分子化合物について非経験的分子軌道法を用いればかなり正確に分子のコンホメーションを特定することができるが，高分子については計算時間が膨大に膨れ上がるうえ，おおまかな構造は推定できるものの精度という面からはあまり期待できない．

第2章

[1] 電磁波の周波数が変わると原子や分子の相互作用の様式も変化する．このため，原子・分子固有の相互作用をとらえるためにはこれに対応する電磁波の波長を選択する必要がある．この分子固有の相互作用が分子自身の性質を反映しているため，構造を含む精密な解析に結びつくのである．

[2] 波長を連続的に変化させながら分子に赤外線を照射し，分子固有の振動エネルギーに対応する赤外線の吸収を記録する．赤外分光法の原理は分子を構成する原子核間の振動状態の変化に伴い光を吸収する現象に基づいている．すなわち，原子間の振動と同じ振動数の電磁波が吸収される．振動の様式には伸縮振動と変角振動の2つがある．伸縮振動は原子間の距離の変化によるものであり，結合軸に沿った振動である．これに対して，変角振動は原子間結合軸の結合角の変化によるものである．

[3] 以前はキラルな化合物がラセミ体のまま医薬品として販売されることが多かったが，最近ではラセミ体で使用することの危険性が指摘され，不斉中心を

もつ化合物を医薬品として開発する場合，両鏡像異性体の薬理作用に留意するようになった．このため旋光度の測定は医薬品としてのキラルな化合物の純度や活性をある程度保証するために必要となる．

第 3 章

[1] MALDI は生体高分子など不揮発性高分子のイオン化に適している．5000 Da を越える分子もイオン化できるため，分子量に理論上制限のない飛行時間型（TOF）質量分析部が適していると思われる．

[2] 充分な分解能を有する質量分析計であれば可能である．1価イオンに対して2価イオンは質量電荷比 0.5 となるため $1/2\,mu$，すなわち1マスのちょうど半分の位置にイオンピークが出現する．これにより識別することが可能となる．

[3] 質量分析では元素の同位体が存在すれば，これを含めた核質量により分析を行っている．同位体の存在比の増減はそれぞれの元素の質量に影響を与えない．

[4] 電子イオン化（EI）は試料に熱電子を浴びせてイオン化するため，イオン流へ到達させるためには気化する必要がある．したがって揮発性の低い分子に適用できない．固体試料を直接電子流の中に挿入するインビーム法を用いることもある．

[5] ESI は溶液として質量分析を行うことができる利点を有している．また，イオン化するときの余剰エネルギーも比較的小さく，開裂が少ない．したがって不揮発性の生体高分子に適している．MALDI はマトリクスとともにターゲットに塗布するが，これにより照射レーザーのエネルギーを直接吸収せずにすみ，開裂が抑えられる．もちろん揮発性には影響されない．

[6] 正配位の電場-磁場型質量分析装置に比べ，先に磁場を配置することで，プレカーサーイオン（前駆イオン）の選択質量範囲を広くすることができる．電場は全質量範囲の 15 % 程度を走査するのみだが，磁場は全質量範囲を走査できる．

第 4 章

[1] 蛍光 X 線分析：X 線により発生する原子固有の X 線の波長や強度を調べて元素の定性および定量分析を行う．

粉末X線解析：粉末に対するX線の回折現象を利用したもので，回折パターンより化合物の同定を行うことができる他，定量分析にも用いられる．

X線吸収分光：X線を固体試料に照射し，その波長を連続的に増大させ，試料に吸収されるX線を入射X線の関数として表す．これにより特定の原子間距離等の構造情報を得ることができる．

[2] ブラッグ条件を示す式 $2d\sin\theta = n\lambda$ は反射角に対する格子面間隔の逆数として表すことができる；$\sin\theta = (n\lambda/2)\cdot(1/d)$．このためフィルムや検出器に写る回折X線の斑点は逆格子点と呼ばれる．逆格子における距離は実格子の距離の逆数であり，また方位は実格子の法線方向であると定義される．

[3] 1）回折データを回折計から読み込んでこれらを整理して空間群を決定する．2）直接法等により位相を決める．3）重み付きフーリエ法により分子を完成させる．4）最小二乗法によって構造を精密化する．5）水素原子の位置を決定する．6）解析結果を整理して分子や結晶構造等の作図を行う．

[4] 測定データ中で特別な反射が系統的に消えるこの消滅則は，らせん軸および映進面によって生じるため，比較的対称性の低い結晶格子をもつ有機化合物の単結晶の場合，その空間群を特定できる可能性が高い．

[5] 重ね合わせることができない非対称な関係を不斉と呼び，このような光学活性を示すどちらか一方の分子の形を絶対構造と呼ぶ．したがって半面像的結晶はキラリティーをもち，この左右を決めることを絶対構造あるいは絶対配置（absolute configuration）の決定という．絶対構造決定法には1）バイフォト対の強度比較，2）R因子法，3）フラックパラメータ法がある．通常これらを組み合わせて用いることが多い．

第5章

[1] NMRスペクトルで横軸方向の数値で表される化学シフトと呼ばれるパラメータは，観測している原子核がどのような化学的環境にあるかを示している．

[2] スピンと呼ばれる物理状態にある核同士に相互作用がある場合は，その隣接した原子核によってシグナルの分裂を起こすため（これをスピン-スピン結合と呼ぶ），これを構造解析に利用することができる．

[3] CW法でプロトン核を測定するためには分単位の時間が必要であり，また感度が低いという問題があった．これに対して，パルスFT-NMRでは，あらゆ

る周波数成分を含むラジオ波を一度に照射し，放出されるすべての周波数のNMRシグナルを一度に観測することができる．この装置の開発により，NMRの有機化学や生化学への利用が急速に高まった．

[4] 1) サンプル調整として試料を重水素化溶媒に溶解し，内部標準物質TMSを添加し，NMRチューブに充填する．2) NMRチューブを導入口またはサンプルチェンジャーにセットし，プローブ内に挿入し，回転させる．3) コンピュータより測定核種や溶媒に関する情報を入力する．4) シム電流より分解能を調整する．5) パルスの強さや積算回数等を設定する．6) データ取り込みを行う．7) フーリエ変換によりNMRスペクトルを得る．

[5] ^1Hを照射してNMRを観測すると照射された^1H核が飽和して近接する^1H核に影響を与える．この現象をNOE (nuclear Overhauser effect) と呼ぶ．NOEは双極子-双極子緩和機構という過程に基づいているため，スピン-スピン結合を必要としない．すなわち，化学結合していなくても空間的に近接していればこの現象は観測される．したがって，これをうまく利用することにより，原子核間の空間的距離を見積もることができるため，有機化合物の構造解析におおいに利用される．

[6] ラジオ波を照射するとこのエネルギーを吸収し位相がそろい，コヒーレントな状態となる．この状態から吸収したエネルギーを放出する過程を縦緩和 (T_1)，歳差運動の位相がコヒーレントからランダムにもどる過程を横緩和 (T_2) と呼ぶ．実際の緩和はこれら独立した2つの過程が同時に起こっている．

第6章

[1] 1) いかに効率良くイオン化するか，2) いかにソフトにイオン化するか，の2点があげられよう（第3章参照）．これにより感度は上昇し，より不安定な分子の質量分析が達成されるはずである．

[2] 位相問題 (4.1.5項参照) が克服されれば自動的に構造解析が実行できる．また，より小さな結晶に適用するために，超高感度検出手法を開発するか，強力なX線が容易に利用できるようにすることが必要となる．

[3] より強力な磁場を用いれば，理論的には感度，分解能とも上昇する．現在プロトンの共鳴周波数にして950 MHzの装置が業者より提供されているが，将来1000 MHzを越えるものも入手可能になると推測される．

索　引

ア

R 因子　70
R 因子法　93

イ

イオン化部　34
イオンサプレッション　131
イオントラップ　44
イオンピーク　49
異常散乱　92
位相　63
位相問題　69, 71
異方性　125
イメージング　101
イメージングプレート　75

ウ

右旋性　27
右旋性結晶　91

エ

映進　84
映進面　84
映進面対称　72
X 線解析　9
X 線回折　9
X 線吸光分光　7
X 線結晶解析　57
X 線光電子分光法　5

X 線 CT　124
X-バンド　22
エネルギー障壁　31
エレクトロスプレーイオン化　34, 41
円 (偏光) 二色性　9, 24, 27

オ

オフレゾナンス　120
重み付きフーリエ変換　80

カ

回折計　74
回折理論　67
開裂　4
化学シフト　111
角運動量　10
核磁気共鳴　3, 100
核磁気共鳴イメージング法　124
核スピン　102, 110
カップリング　113
カップリング定数　115
荷電粒子　42
完全デカップリング　116
緩和　122
緩和時間　122

キ

気化　134
機器分析　3
疑似分子イオン　38
逆空間　66
逆格子　61, 66
吸収　61
Q-バンド　22
共鳴周波数　103, 104
キラリティー　9, 83

ク

空間群　88
空間格子　86
クライオスプレー　139

ケ

蛍光　18
蛍光 X 線分析　6
蛍光スペクトル　8
蛍光スペクトル法　18
計数管　76
K-バンド　22
K 系列特性 X 線　60
結晶格子　66
ゲノミクス　51
原子価　2
原子価結合式　2
原子吸光分析　5
検出部　34
元素分析　3, 4

索引

コ

広域 X 線吸収微細構造　7
格子面　64
格子面間隔　66
高速液体クロマトグラフィー　53
高速原子衝撃　34
勾配　124
高分解固体 NMR　125
高分解能質量分析　49
行路差　65
コールドスプレーイオン化質量分析　36, 139
コットン効果　30
ゴニオメータヘッド　140
コヒーレント　122
固有 X 線　60

サ

歳差運動　122
左旋性　27
左旋性結晶　91
三斜晶系　72
散乱　61

シ

シークエンス解析　52
CW 法　106
CP-MAS 法　125
紫外・可視吸収スペクトル　17
磁気強度勾配　125
磁気モーメント　101
四重極　43
四重極質量分析装置　34
実空間　66
実格子　66
質量電荷比　42
質量分析　3
質量分析部　34
自動結晶解析システム　140
磁場強度勾配　125
磁場・電場型質量分析計　42
斜方晶系　72
重原子法　71
自由誘導減衰　106
晶系　72
掌性　9, 83
衝突活性化　51
衝突活性化室　44
消滅則　86
シングレット　120
伸縮振動　19

ス

スピン　3
スピン-スピン結合　111
スピン-格子緩和　125
スピンイムノアッセイ　24
スピン結合　115, 120
スピンデカップリング　119
スピンラジカル試薬　23
スピンラベル試薬　23
スピン量子数　113
スピンワープ法　125
スプリット　133
スリット　59

セ

整数質量　48
制動放射　60
正方晶系　72
ゼーマン効果　22
ゼーマン分裂　102
赤外線吸収スペクトル法　8, 19
積分強度　112
絶対構造　31, 80
絶対配置　91
全運動量　102
旋光度　24
旋光分散　9, 24, 29

ソ

相関ピーク　116
双極子-双極子相互作用　125
走査透過型（電子顕微鏡）　10
相対強度　48
ソフトイオン化　137

タ

ターゲット　38
対称操作　74
対称中心　82
対称要素　72
帯電液滴　41
楕円偏光　9, 28
単結晶 X 線解析　9
単斜晶系　67, 72
タンデム質量分析（MS/MS）　51
タンパク質データバンク

97

チ

チューニング 109
超電導 FT-NMR 108
直接法 71
直線偏光 26
直方晶系 72

テ

ディスタンス
　ジオメトリー法 127
DEPT 測定 115
電子イオン化 34, 37
電子顕微鏡 10
電子衝撃 36
電子スピン共鳴 4, 17, 21
電子脱離 36
電子分光装置 15
電磁波 15

ト

同位体イオンピーク 49
透過 61
透過型（電子顕微鏡） 10
特性 X 線 16, 60
ドラッグデザイン 96

ナ

内部標準物質 110
ナノプローブ 109
難揮発性 40

ニ

二次元 NMR 116
二重共鳴法 119
二重収束質量分析計 43

ハ

バイフット対 93
白色 X 線 60
パターソン 71
波動説 59
パルス 122
パルス FT-NMR 106
反射 64
反射強度 68
半面像的結晶 91

ヒ

飛行時間質量分析装置 34

フ

フーリエ変換 46
　——イオンサイクロトロン共鳴質量分析装置 34, 46
　——赤外分光法 20
複素屈折率 29
不対電子 4, 21
フラグメンテーション 4
フラグメントイオンピーク 49
ブラッグ角 65
フラックパラメータ 93
ブラッグ反射 58
ブラベ格子 72
フリットインターフェイス 134
プレセッション写真 76

プローブ 109
プロテオミクス 33, 51
分解能 46, 62
分子イオンピーク 49
分子軌道法 12
分子計算法 11
分子構造解析 2
分子性結晶 98
分子動力学法 12
分子不斉 31
分子不斉化合物 31
分子力学法 11
分子力場 11
粉末 X 線解析 7
噴霧 134
分裂 111

ヘ

平面偏光 26
変角振動 19

ホ

放射線 59
ポテンシャル関数 12

マ

マジックアングル 125
マジック角度回転 125
マトリクス 38
マトリクス支援レーザー脱離イオン化 34

ミ

ミクロ LC 133
ミラー指数 66
ミリマスユニット 50

メ

メタボロミクス 51
メモリー効果 135

モ

モル円二色性 29

ユ

融合機器分析 95,130
誘導結合プラズマ 6
ユーレリアン・
　クレイドル型
　（回折計） 76

ヨ

溶媒除去 135
4軸回折計 76

ラ

ラーモア周波数 103
ラウエ 16
ラウエ群 72
ラジカル 21
らせん操作 84
ラマン分光 9,20
ランダム 122
ランバート-ベール 18

リ

立方晶系 72
リニアトラップ 44
リフレクトロン型 41
粒子説 59

レ

冷媒 47

錬金術 13
連携分析 137
連続X線 16,60
レントゲン 16

ワ

ワイセンベルグ写真 76

欧文，その他

^{13}C-NMR 115
^{1}H-^{1}H NOESY 127
^{1}H-^{1}H TOCSY 126
^{1}H 完全デカップリング 120
^{1}H 完全デカップル 120
anomalous dispersion 92
APCI 54,136
CC (collision chamber) 44
CCD (chage coupled device) 76
CD (circular dichroism) 9,24,27
chemical craft 13
CID (collision induced dissociation) 51
CP-MAS (cross polarization magic-angle spinning) 125
CSI-MS (cold-spray ionization mass spectrometry) 37,138
CW (continuous wave) 106

DEPT (distortionless enhancement by polarization transfer) 115
dextrorotatory 27
ECD (electron capture dissociation) 51
ESCA (electron spectroscopy for chemical analysis) 5
ESI (electrospray ionization) 34,41,54
ESR (electron spin resonance) 4,17,21
ETD (electron transfer dissociation) 51
EXAFS (extended X-ray absorption fine structure) 7
FAB (fast atom bombardment) 38
FFT (fast Fourier transform) 108
FID (free induction decay) 106
Flack parameter 93
flip angle 124
fragmentation 4
FT-IR 20
glide plane 84
glide-reflection 84
HMQC (^{1}H detected heteronuclear multiple quantum coherence) 116
HRMS (high resolution mass spectrometry)

49
ICP (induction coupled plasma) 6
IP (imaging plate) 75, 76
IRMPD (infrared multiphoton dissociation) 51
Lambert-Beer 18
LC-MS 131
levorotatory 27
MALDI (matrix assisted laser desorption ionization) 34, 39
MSGC (micro strip gas chamber) 139
NMR (nuclear magnetic resonance) 3, 101
NOE (nuclear Overhauser effect) 118, 121
ORD (optical rotatory dispersion) 9, 27, 29
PDB 97
QMS (quadrupole mass spectrometer) 43
relaxation 122
TMS 110
TOF (time-of-flight) 39, 45
UHPLC (ultra high performance liquid chromatography) 54
XPS (X-ray photoelectron spectroscopy) 5

著者略歴

山口　健太郎
やまぐち　けん　たろう

　1953年東京都生まれ．電気通信大学出身（1975）．1982年薬学博士（東京大学）．同年昭和大学助手，1985年同学講師，1994年千葉大学助教授を経て2004年より徳島文理大学教授．専門は機器分析学．主な研究テーマは複合機器分析手法の開発および超分子化合物の合成，反応，構造解析．

化学の指針シリーズ　　分子構造解析

2008年10月25日　第1版発行

著作者	山　口　健　太　郎
発行者	吉　野　和　浩
発行所	東京都千代田区四番町8番地 電話　03-3262-9166（代） 郵便番号　102-0081 株式会社　裳　華　房
印刷所	三報社印刷株式会社
製本所	株式会社　青木製本所

検印省略

定価はカバーに表示してあります．

社団法人　自然科学書協会会員

JCLS　〈㈱日本著作出版権管理システム委託出版物〉
本書の無断複写は著作権法上での例外を除き禁じられています．複写される場合は，そのつど事前に㈱日本著作出版権管理システム（電話03-3817-5670，FAX 03-3815-8199）の許諾を得てください．

ISBN 978-4-7853-3223-5

Ⓒ　山口　健太郎，2008　　Printed in Japan

化学の指針シリーズ

全17巻　各A5判　　　　編集委員会　井上祥平・伊藤　翼・岩澤康裕
　　　　　　　　　　　　　　　　　大橋裕二・西郷和彦・菅原　正

- ◆ 化学環境学　　　　　　　　　　　　　　御園生　誠 著　定価 2625 円
- ◇ 生物無機化学　　　　　　　　　　　　　　　塩谷光彦 著　続刊
- ◇ 錯体化学　　　　　　　　　　　佐々木陽一・柘植清志 共著　続刊
- ◇ 高分子化学　　　　　　　　　　　西　敏夫・讃井浩平 共著　続刊
- ◆ 化学プロセス工学
　　　　　　小野木克明・田川智彦・小林敬幸・二井　晋 共著　定価 2520 円
- ◇ 触媒化学　　　　　　　　岩澤康裕・岩本正和・丸岡啓二 共著　続刊
- ◇ 物性化学　　　　　　　　　　　　　　　　　菅原　正 著　続刊
- ◆ 有機反応機構　　　　　　　　　加納航治・西郷和彦 共著　定価 2730 円
- ◆ 生物有機化学 ―ケミカルバイオロジーへの展開―
　　　　　　　　　　　　　　　　　宍戸昌彦・大槻高史 共著　定価 2415 円
- ◆ 有機工業化学　　　　　　　　　　　　　　井上祥平 著　定価 2625 円
- ◇ 無機材料化学　　　　　　　　　　　　　　河本邦仁 他 共著　続刊
- ◇ 量子化学　　　　　　　　　　　　　　　　中嶋隆人 著　続刊
- ◇ 表面・界面の化学
　　　　　　　　　　　　　有賀哲也・川合真紀・松本吉泰 共著　続刊
- ◆ 分子構造解析　　　　　　　　　　　　山口健太郎 著　定価 2310 円
- ◇ 有機金属化学　　　　　　　　　　岩澤伸治・友岡克彦 共著　続刊
- ◇ 電子移動の化学　　　　　　　　　　　　　福住俊一 著　続刊
- ◇ 超分子の化学　　　　　　　　　　　　菅原　正 他 共著　続刊

◆ 既刊，◇ 未刊（書名は一部変更になる場合があります）　　2008 年 10 月現在

裳華房 SHOKABO
電子メール　info@shokabo.co.jp
ホームページ　http://www.shokabo.co.jp/